Richard Hochberg

Hausbau mit Bauträger

Fallstricke vermeiden, souverän auftreten und mit Leichtigkeit zum Eigenheim

»DAS BAUHERREN HANDBUCH«

Urheberrecht

Haftungsausschluss

Die Inhalte des Buches wurden nach bestem Wissen des Herausgebers erstellt. Trotz größtmöglicher Sorgfalt können Fehler nicht ausgeschlossen werden. Der Herausgeber übernimmt keinerlei Gewähr oder Haftung für die Richtigkeit, Vollständigkeit und Aktualität der enthaltenen Informationen und Inhalte. Der Leser/die Leserin ist für sein/ihr Handeln selbst verantwortlich. Es wird keine Haftung für mögliche Schäden übernommen, die direkt oder indirekt mit der Verwendung dieses Buches entstehen. Alle Empfehlungen und Vorgehensweisen sind nach bestem Wissen recherchiert.
Jegliche Haftung ist somit ausgeschlossen. Der Inhalt dieses Buches repräsentiert die persönlichen Erfahrungen und Meinungen des Autors und dient nur dem Unterhaltungszweck. Der Inhalt darf nicht mit medizinischer Hilfe verwechselt werden. Es wird keine juristische Verantwortung für Schäden übernommen, die durch kontraproduktive Ausübung oder Fehler des Anwenders entstehen.

Deutsche Erstausgabe 2019

Covergestaltung und Satz: Wolkenart - Marie-Katharina Wölk,
www.wolkenart.com
ISBN: 978-3-00-063540-3
Printed by Amazon Distribution

Inhaltsverzeichnis

Einleitung

Der Traum vom Eigenheim

Zu den großen Lebensaufgaben zählt für viele von uns neben der Familiengründung und dem Erzeugen und Aufziehen von Nachwuchs der Bau eines eigenen Hauses. Irgendwie ist das ja auch folgerichtig, als Ambition im Zusammenhang mit den vorgenannten Vorhaben. All diese Schritte sind echte Lebens-Weichenstellungen und haben jahrzehntelange Auswirkungen. Sie wollen darum wohl überlegt und richtig angefangen sein, damit Scherereien und unnötige Mehrkosten außen vor bleiben. Meist bleibt es bei einer einzigen Chance dieses Kalibers – die möchte man sich nicht ruinieren. Ein gescheiterter Versuch würde uns ein mieses Kreditrating einfahren und uns für lange Zeit, vielleicht alle Zeit, von einem erneuten Finanzierungsversuch ausschließen. Das bedeutet zumeist Endstation für den Traum vom Eigenheim.

Darum will der Erstversuch, ein eigenes Haus auf die Fundamente zu stellen, gut überlegt und ausgeführt sein. Wenn an alles gedacht wird, methodisch vorgegangen wird und keine Engpässe entstehen, sollte der Hausbau gelingen. Er verspricht uns Unabhängigkeit von Vermietern, ein eigenes kleines Reich, einen sicheren Stützpunkt für unsere Familie. Nicht zuletzt ist das eigene Haus eine Wertanlage, die irgendwann nach Ablauf des Kreditvertrags und hoffentlich allzeit gelungener Ratenzahlung in unseren kompletten, weil schuldenfreien Besitz übergeht, nach Löschen der Grundschuld. Vielleicht noch zu unseren Lebzeiten, spätestens aber zu denen unserer Kinder. Damit schaffen die Eltern also neben dem praktischen Nutzen während des Aufziehens ihrer Kinder auch eine Vermögensbildung für die Zukunft. Selbst dann, wenn die Kinder einmal woanders hinziehen sollten, ist das Elternhaus noch als Alterssitz nutzbar und kann verkauft werden, wenn die Familie keinen Nutzen mehr davon haben sollte. Bis dahin oder schon viel früher könnte es aufgrund seiner Lage einen wesentlichen Zuwachs an Wert erfahren haben.

Nun, mit unserem Ratgeber, wird das große Vorhaben etwas leichter. Sie werden auf Dinge aufmerksam, die Ihnen sonst verborgen blieben und eine Kostenfalle bedeuten könnten. Sie lernen einige der Tricks der Branche kennen, Ihnen am Ende einen höheren Gesamtpreis abluchsen zu können. Letztendlich ist der Hausbau auch ein großes Abenteuer und kann Ihnen bei Erfolg viel Vergnügen bereiten, wenn Sie die Schritte zur Fertigstellung begleiten und sich auf das Ergebnis ungetrübt freuen können. Ohne Stress schauen alle Familienmitglieder gespannt dem Einzug entgegen, wenn jeder seinen neuen Freiraum in Beschlag nimmt.

Wieso ein Haus bauen, statt eines zu kaufen?

Die Idee ist naheliegend. Warum nicht ein fertiges Haus kaufen, statt eines zu bauen? Es gibt schließlich genug Angebote auf dem Immobilienmarkt. Hier lockt die frühe Verfügbarkeit. Kein langes Warten auf die Herstellung. Vielleicht eine Renovierung, die man sich auf Tapetenwechsel beschränkt vorstellt. Easy und schnell. So könnte man sich das denken.

Aber das ist wie einen Anzug von der Stange kaufen, wenn man einen Maßanzug braucht. Tausend Kompromisse, die später drücken und kneifen. Die Anzahl der Kinder, vorhanden oder geplant, gibt die Zahl an Kinderzimmern vor. Man könnte auch ins Auge fassen, den (Groß)Eltern einen eigenen Hausanteil zu überlassen, was das Haus zum Mehrfamilienhaus machen würde. Im Austausch bringen sich diese in die Finanzierung mit ein. Oder es wird eine Einliegerwohnung eingeplant, die an einen Studenten vermietet werden soll, um eine Einnahmequelle für die leichtere Abbezahlung zu schaffen. Dann geben die Hobbys und Aktivitäten in der Familie vor, was für Räume gebraucht werden. Wie steht es um die sozialen Gewohnheiten? Eine Küche, in der man sich auch versammelt und miteinander isst, oder ein Esszimmer für diesen Zweck? Das mag sich bereits unterscheiden von den Häusern, die als bestehend zum Kauf angeboten werden. Die sind eben selten so, wie man sie bestellen würde. Der Renovierungs- und der Modernisierungsaufwand werden, gerade was Wärmedämmung und Heizung angeht, gerne unterschätzt. Die völlige Freiheit (bis auf Einschränkungen, auf die wir noch zu sprechen kommen) gibt es wohl nur mit dem neu geplanten und zu errichtenden Eigenheim. Das bringt dann wenigstens gleich die aktuelle Technologie der Wärmeisolierung mit, statt dass Sie ein gekauftes Haus erst mal renovieren und energietechnisch modernisieren müssten. Braucht es gar eine neue Heizungsanlage? Die Dinge summieren sich. Am Ende hätte man sich wirklich genauso gut ein neues Heim bauen können, unter dem Strich und nach der Kostenlawine, die kein Ende nehmen wollte.

Lesen Sie am besten unser Buch einmal komplett durch, ehe Sie sich für einen Hauskauf statt für einen Neubau entscheiden. Die Ratschläge werden Ihnen die Sorge nehmen, sich auf das Bauen einzulassen. Ungewissheiten werden ausgeräumt und Sie gewinnen Einsichten, die sich sehr bald in gesparter barer Münze bemerkbar machen. Unsere Hinweise lassen Sie Laienfehlern aus dem Weg gehen oder eine falsche Beratung durch Beteiligte, die sich einen Vorteil von Ihrer Unerfahrenheit versprechen, entlarven.

Die Erfahrungen des Autors auf diesem Gebiet sollen Ihr Vorteil sein.

Die Bindung an das neue Heim, die emotionale Stütze, das Familienzentrum

Der Bau eines Eigenheims ist ein Lebensereignis, das vielleicht nur ein- oder zweimal in einer Lebensspanne vorkommt. Und es ist ein Lebensereignis erster Güte nicht nur für Sie, sondern für Ihren Partner, für die bereits vorhandenen oder noch geplanten Kinder. Eigentlich für jeden um Sie herum. Sie schaffen sich mit dem Haus einen geografisch verorteten Lebensmittelpunkt, an den Sie sich auch emotional binden werden. Vielleicht sogar mehr als an den Partner, falls die Bindung verblasst oder es gar zur Trennung kommt. Man kann durchaus mit einem schönen Zuhause verheiratet sein, auch wenn man das kaum je so nennen wird. Das erklärt auch, wieso sich alte Menschen an ihr Haus klammern, wenn man sie damit bedrängt, der Gebrechen wegen in ein Seniorenheim zu ziehen. Es ist ein Ort voller Geister, voller Erinnerungen an Lebensabschnitte und hier gesammelter Gefühle. Das Haus wird zu einem Teil unser selbst.

Wenn die Kinder in diesem Eigenheim aufwachsen, entwickeln sie selbst diese Fixierung auf das Haus als Familienzentrum und werden sich später daran als solches erinnern. Sollte das Haus nicht aus irgendeinem Grund einmal verkauft werden, setzt sich die Empfindung der Bindung in künftigen Generationen fort. Es gibt aber auch Geschichten, in denen einmal verkaufte Häuser von ihren früheren Bewohnern, bzw. deren Nachkommen, aus sentimentalen Gründen zurückgekauft werden. Exakt deshalb, weil dieses Gebilde aus Stein, Holz und Stahl als Familiensache memoriert wird und eine emotionale Bindung dazu existiert. Es wird zum stummen Nebendarsteller im Familienfotoalbum.

Leute, die berufsbedingt oder wegen ihrer Rastlosigkeit ständig umziehen und keinen geografischen Familienmittelpunkt kennen, wie ein Eigenheim es werden kann, vermissen diese Verankerung. Sich irgendwo heimisch zu fühlen und Wurzeln in den Grund zu erstrecken, liegt spätestens seit Aufgabe des Nomadendaseins unserer frühen Vorfahren in unserem Blut. Das Heim gibt Sicherheit und einen Ruhepol, wo wir uns sammeln und erholen können. Natürlich nur, wenn dem keine Familienzerwürfnisse und Streit im Haus im Wege stehen – aber das ist eine andere Geschichte.

Existentielle Vorteile durch das Eigenheim

Selbst Leute, die gar nichts anfangen können mit einer emotionalen Komponente des Eigenheimbesitzens und -bewohnens, werden sich ausrechnen können, dass sich das gebaute Familienhaus im Lauf der Zeit rechnet. Wir wollen dabei voraussetzen, dass es keine beruflichen Gründe gibt, aus der Gegend wegzuziehen, und die Einnahmequellen hier weiter verlässlich sprudeln.

Das Haus ist in der Regel von einer Größe, die an Quadratmetern und Zimmerzahl vergleichbare Mietwohnungen oder auch Kompletthäuser des Mietmarktes unbezahlbar an Mietzins machen würde, während ihre Hypothekentilgung weit weniger kosten dürfte. Dazu haben Kredittilgungen über viele Jahre stabile Raten in Aussicht, während es auf dem Mietmarkt Kapriolen an Preiserhöhungen geben kann. Regional teils so heftig, dass sich der Gesetzgeber genötigt sieht, Mietpreisbremsen auf administrativem Weg zu verhängen. Ganz zu schweigen davon, wenn sich eine Familie im glücklichen Zustand befindet, das Bauvorhaben ohne Schulden bei einer Bank bestreiten zu können. Entweder weil man vermögend ist, von Verwandten bezuschusst wird oder eine Erbschaft gemacht hat.

Hypothekenraten sind eine gut berechenbare Konstante. Zudem haben Sie als Eigenheimbesitzer es selbst in der Hand, was Sie später ausgeben möchten, um Ihr Haus zu bewirtschaften und gegebenenfalls zu modernisieren. Ein Vermieter könnte mit Ihnen dagegen uneins darüber sein und Sie beide könnten sich Streitereien oder gar Gerichtsverfahren liefern.

Mit dem Eigenheim entfällt auch das Risiko, dass eines Tages der Vermieter Eigenbedarf anmeldet und Sie aus seinem Haus zu vertreiben sucht – oder einfach nur einen Mieter sucht, der ihm besser gefällt oder mehr zu zahlen hätte.

Können Kinder (und Großeltern) im Eigenheim mitwohnen, entfallen für diese die sonst entstehenden separaten Unterkunftskosten, wohl meist Miete anderer Wohnungen. Werden sie oder sind sie noch berufstätig, können sie aufgrund dieser wesentlichen Ersparnis einen Teil zum Familienbudget beitragen. Aus diesem Grund sind Mehrfamilienhäuser, mit zwei bis drei Parteien, auch so populär.

Das Grundstück setzt Grenzen – im doppelten Sinne

Wir können nicht überall ein Traumhaus nach unseren Vorstellungen bauen. Das Grundstück ist nicht nur seiner Größe in Quadratmetern oder Hektar und seinem Schnitt nach eine Bedingung für das Machbare darauf, sondern unterliegt auch den Vorstellungen in der Gemeinde, wie Gebäude in diesem Teil des Gemeindegebiets auszusehen haben. Die sind festgehalten im Bebauungsplan für die Gegend. Viele Dinge können darin vorbestimmt sein, nicht nur Abstände zu den Grundstücksgrenzen. Wir kommen in den Kapiteln „Das richtige Grundstück finden“ und „Außenbereich“ noch darauf zu sprechen.

Budget bestimmen und im Auge behalten

Die Finanzplanung ist von essenzieller Bedeutung für jedes größere Vorhaben, und der Bau eines Eigenheimes gehört definitiv dazu. Die Planung orientiert sich eher an Worst-Case-Szenarien als an optimistischen Schönwetterphasen, weil man dann eher die unausweichlich überraschenden Extrakosten auffangen kann und das ganze Projekt nicht gleich zu eng ausfällt. Es soll nicht wegen jeder unvorhergesehenen Neuausgabe Gefahr laufen, gegen die Wand gefahren zu werden.

Sie werden sich Ziele setzen: Wie groß sollen das Grundstück und das Haus sein, weil Sie x Zimmer brauchen? Was benötigen Sie als Außenanlagen – hier sind besonders Garagen oder Stellplätze für Autos von Interesse, manchmal können Garagen auch in ein Haus integriert sein, etwa mit Rampe und in einem Teil des Untergeschosses. Wie viel Platz wünschen Sie sich für die Kinder zum Spielen – draußen und drinnen? Sind Sie mit einer Standard-Hausausstattung zufrieden oder möchten Sie eine gehobene Ausstattung – mit entsprechend größeren Räumen und mehreren Bädern? Es gibt ja auch Leute, die sich eine Sauna oder einen Pool in den Garten oder ins Haus wünschen. Ist das realistisch? Zu einer Grundausstattung zählt so etwas sicher nicht. Attraktiv machen solche Sachen aber die Immobilie schon.

Gibt es in der Familie handwerklich begabte Mitglieder, können die Kosten gesenkt werden durch ihre Mitarbeit. Für solche „Eigenleistungen“ gibt es spezielle Angebote von Bauträgern und Herstellern. Freilich kann die Familie ohne Ausbildung in einem

Bauberuf kaum Fachleistungen erbringen wie Maurer, Verputzer oder Betonbauer. Es handelt sich also beim Eigenleistungsanteil eher um Zuarbeiten oder Endarbeiten wie Anstreichen oder Tapezieren. Banken können bei einer Finanzierung bis zu 15 % der Kosten als Eigenleistung anerkennen. Man nennt sie scherzhaft auch „Muskelhypothek".

Die Bauweise trägt zu den Kosten bei. Ein Fertighaus ist günstiger und schneller fertig, kann aber kaum individualistischen Vorstellungen von einer Raumaufteilung oder Hausgröße folgen, da Sie hier aus vorhandenen Modellen eines auswählen und dieses, wenn überhaupt, nur vorsichtig ändern lassen können. Bei Fertighäusern gibt es mit dem „Bausatzhaus" ein Angebot für Bauherren, die sich zutrauen, die gelieferten Hausteile mit Helfern selbst zusammenzusetzen.

Ein Ausbauhaus wird vom Bauträger als Rohbau errichtet und dann den Bauherren für den Innenausbau überlassen. Es fehlen hier also noch Sanitärausstattung und Elektroinstallation. Ist der Bauherr Handwerker für ein Gewerk und kennt andere Handwerker für deren Gewerke: kein Problem. Es darf aber kein Laie solche Dinge wie eine Elektroinstallation vornehmen. Fast alle diese spezifischen Gewerke müssen nämlich den Vorschriften entsprechen und von Profis ausgeführt worden sein, eben wegen dieser Vorschriften. Eine fachliche Abnahme erfolgt, eine Nichtbeachtung von etablierten Vorschriften könnte lebensgefährlich werden.

Unter den Fertighäusern ist das schlüsselfertige Fertighaus das teuerste. Hier wird wirklich alles vom Bauträger angefertigt und montiert.

Beim Massivhaus, auch Architektenhaus genannt, wird klassisch Stein auf Stein gemauert. Diese Hausart ist weitgehend offen für Ihre Planungswünsche in Absprache mit dem Architekten, der wiederum die Vorschriften für sein Berufsfeld im Auge behält und Einwände erheben wird, wenn Sie etwa ein Kinderzimmer auf die Größe einer Hundehütte bemessen haben möchten.

Alle Häuser müssen konform sein mit Regularien, die für die Grundstücke gelten, auf denen sie errichtet werden sollen. So gibt es Vorschriften, wie die Dächer auszusehen haben. Es kann sich um eine Siedlung handeln, wo es Flachdächer sein sollen oder ausschließlich Satteldächer. Die Abstände von Hauswänden zu Grundstücksgrenzen sind geregelt. Solche Dinge spielen natürlich auch eine preisliche Rolle und interessieren Sie darum im Themenkomplex des Budgets. Der Bebauungsplan einer Gemeinde gibt Aufschluss darüber, was erlaubt ist und was nicht. Bei der Suche nach einem geeigneten Grundstück für Ihr Vorhaben ist darum die Kenntnis des Bebauungsplans der Gegend, wo das gewünschte Grundstück liegt, von großer Wichtigkeit. Auch die Nutzungsart von Gebäuden wird darin vorausbestimmt. Sie können nicht einfach ein Wohnhaus in einem Gewerbegebiet errichten oder umgekehrt ein Produktionsgebäude in einem Wohnviertel.

Sie können von Ihrem Bankberater erfahren, welchen Rahmen dieser als vertretbar für Ihre Einkommensverhältnisse ansieht. Er wird das Einkommen der Familie, aber auch laufende Verpflichtungen in Betracht ziehen, die mit dem Hausbau gar nichts zu tun haben, aber natürlich während der Bauphase trotzdem zu bedienen sind, vielleicht sogar auf Jahre, wie etwa bestehende Kredite für ein Auto. Neben all diesen Auslagen und den Regelsätzen an Lebensunterhalt wird der Platz bemessen, den ein Hauskredit maximal einnehmen könnte, ohne Ihnen die Luft abzuschnüren. Und das im Hinblick auf Jahrzehnte.

Grob teilt sich das Budget auf in Grundstückskosten und Hauskosten. Eine dritte Kostengruppe besteht aus Baunebenkosten, wohin alle Gebühren für die Grundstückserschließung und

Anschlüsse an die Versorgungsnetze, Bauversicherung, Grundbuch- und Notarkosten sowie die Grunderwerbssteuer wandern. Kaufen Sie über einen Makler, will der seine Vermittlungsgebühr bezahlt sehen. Es ist klar, dass ein erschlossenes Baugrundstück, wo alle Medien bereits anliegen, günstiger für Ihr Budget ist als eines, das sozusagen noch im Urzustand vor sich hindämmert und wo erst mal (auf Ihre Kosten oder Anteile an einem kommunalen Projekt) Wasserleitung, Abwasserkanal, Glasfaserkabel und Stromleitung bis zu ihren Übergabepunkten an Ihre Grundstücksgrenze herangeführt werden müssen. Handelt es sich um ein Haus vom Architekten, möchte dieser seine Planungsarbeit ebenso honoriert sehen wie der Statiker, den er für die Berechnung von Belastungen von Decken und Wänden heranzieht. Immerhin könnte bei der Beauftragung eines Bauträgers, der Baufirma, eine Reihe solcher Dienstleistungen im Gesamtpreis enthalten sein.

Ein Finanzierungsplan, der meist Fremdmittel in Form von Krediten enthält, ist auf lange Frist ausgelegt und erfordert darum realistische Grundlagen, die über etwa zehn Jahre und mehr keine existenzbedrohende Schieflage entstehen lassen. Verwenden Sie nur nicht den Begriff „Finanzplan" für den Finanzierungsplan, da dass etwas ganz Anderes ist – dieser Begriff stammt aus dem Insolvenzverfahren.

Grob teilen sich die Bestandteile eines Finanzierungsplans auf in

(a) Gesamtkosten
(b) Eigenmittel
(c) Fremdmittel

Der selbst gemachte Finanzierungsplan ist nicht mandatorisch, wird aber empfohlen, da eine Bank ohne ihn einer Kreditanfrage eher ablehnend gegenüberstehen wird. Die Bank kann auf Ihrer

Vorarbeit aufbauen und hat weniger Arbeit, wenn der vorgelegte Finanzierungsplan saubergemacht wurde. Sie wird ihn ohne Zweifel einer Prüfung unterziehen und vielleicht auch etwas zu beanstanden haben, schließlich sind Sie nicht unbedingt Bankfachmann und man kann von Ihnen nicht erwarten, die Arbeit eines solchen zu bewältigen, ohne dass es Korrekturen bedürfe. Ein guter Finanzierungsplan nimmt uns die Sorgen, die uns zweifeln lassen könnten, ob wir das gesamte Projekt überhaupt stemmen können.

Ausgabenübersicht

Kurze Liste für das Budget:

- Grundstückskosten
- Hauskosten je nach Gebäudeart und Anteil der Eigenleistung
- Baunebenkosten: Anschlüsse für Versorgungsmedien, Bauversicherung, Grunderwerbssteuer
- Zinsen für die Baufinanzierung, Bankgebühren
- Honorare für Makler, Architekt und Statiker (falls gesondert)

Dann sind da möglicherweise noch Möbel anzuschaffen, sofern nicht alles aus dem bestehenden Haushalt bestritten werden kann, und ein Umzug ist zu machen. Glücklich, wer jemanden mit einem kofferartigen LKW kennt und genügend Helfer in der Verwandtschaft hat. Möglicherweise reduziert das die Umzugskosten auf den Gegenwert der Bierkästen, die er dem Trupp zur

Aufrechterhaltung der Moral während der Schlepperei spendieren muss. Wenn nicht, ist das mit einer Profi-Umzugsfirma ein Kostenpunkt in vierstelliger Höhe – geht dafür aber schneller vonstatten.

Und dann sollte man bei Rücklagen immer daran denken, dass etwas kaputtgehen könnte und ersetzt werden muss – von Auto bis Kühlschrank.

Erfahrungswerte des Jahres 2017:

- Rohbau etwa 507 € pro qm
- Innenausbau etwa 400 bis 800 € pro qm
- Außenanlagen 30 bis 70 € pro qm
- Grundstück abhängig von Lage 50 – 1550 € pro qm
- Baunebenkosten 30.000 bis 75.000 €
- Garage 4.000 bis 20.000 €
- Keller 30.000 bis 70.000 €
- Nachträglicher Dachausbau 10.000 bis 50.000 €
- Makler 3 bis 7 % vom Kaufpreis
- Notarkosten und Grundbuch 2 % vom Kaufpreis
- Grunderwerbssteuer nach Bundesland 3,5 bis 6,5 % des Kaufpreises

In der Vorausplanung lässt man etwas Raum nach oben frei, um Verteuerungen auffangen zu können. Gerade beim Massivbau (nicht Fertigbau) sind Verzögerungen durch äußere Einflüsse auf der Baustelle möglich, die die Preise in die Höhe treiben. So kann bei ständigem Regen nicht gearbeitet werden, oder Frostperioden verhindern den Weiterbau. Der eine oder andere Handwerker oder Subunternehmer kann nicht fristgerecht arbeiten oder liefern, worauf diejenigen warten müssen, die auf seiner Leistung aufbauen müssen. Haben Sie Pauschalpreise mit Ihrem Bauträger vereinbart, dann werden solche Preisfaktoren sein Problem und nicht Ihres sein, und Sie müssen sich deshalb keine grauen Haare wachsen lassen. Für ihn kann eine zu knappe Kalkulation ebenso zum Verhängnis werden wie für Sie, aber Sie werden sich kaum wünschen, dass er während des Bauens für Sie pleitegeht, da dann auch Ihre Baustelle verwaist und Sie beim Konkursverwalter der Baufirma Ihren Investitionen hinterherlaufen können.

Ein Bauunternehmer als Ihr Geschäftspartner beim Hausbau wird Sie übrigens auch nach Ihrem Budget fragen, um Ihnen ein Haus anzubieten, das zu diesem Budget passt.

Manche Kosten können Sie auf später verschieben, sie sind nicht dringlich für den Hausbau selbst. Die Außenanlagen etwa können noch jahrelang brachliegen, ohne dass es wirklich ein Problem wäre, wenn Sie nur ab und an das Unkraut entfernen, um die Nachbarn nicht zu verärgern. Fertiggaragen können auch warten – dann stellen Sie eben die Autos so lange im Freien ab. Selbst der Innenausbau kann in weniger wichtigen Räumen auf später verschoben werden, zum Beispiel im Hobbykeller, wenn das Geld dafür woanders gebraucht wird. Ein Dachausbau ist für später geplant, den Extraraum brauchen Sie womöglich gar nicht so bald.

Den Finanzierungsplan können Sie selbst erstellen, oder sich auf die Arbeit eines Finanzberaters verlassen. Informieren Sie sich über sämtliche Förderungsmöglichkeiten und an welche Bedingungen diese geknüpft sind. In jedem Bundesland ist die Situation eine andere.

Detaillierter kommen wir im Kapitel „Finanzierung" auf die (Überraschung!) Finanzierung zurück.

Was für ein Haus möchte ich?

Das richtige Haus orientiert sich nicht nur am Budget, sondern auch an Ihren Bedürfnissen und Ihren Zukunftsplanungen. Wenn Sie sich eine Familie wünschen oder weitere Kinder zu einer bestehenden Familie, dann wissen Sie auch, dass Sie dafür Räume brauchen. Man baut schließlich kein neues Haus, um sich dann darin zusammenzuzwängen wie in der Mietwohnung, die man gerade hinter sich gelassen hat. Also: Kinder verlangen nach Kinderzimmern.

Platz ist Trumpf. Viel Platz ermöglicht viele Nutzungsarten, da kann auch mal etwas umdisponiert werden, wenn ein Hobby wegfällt und ein neues dazukommt. Viel Platz kostet aber nicht nur Material im Rohbau und Arbeitsstunden bei der Errichtung, sondern verursacht später auch Unterhaltskosten – das will schließlich alles mal in den Winterhalbjahren beheizt werden.

Andere Räume sind weniger kompatibel. Haben Sie etwa den luxuriösen Wunsch, sich ein kleines Schwimmbad im Keller einzurichten – dann bleibt das wohl immer ein Schwimmbad und wird nicht zum Kraftraum umzufunktionieren sein. Oder wenn doch, kostet es wieder Geld.

Sie landen in der Praxis irgendwo zwischen absolutem Traumhaus und dem Minimum des Nötigsten. Heutzutage ist etwa für den Einfamilienhausbau als Minimum an Features ein Schlafzimmer für jeden Bewohner, ein Heizungsraum, ein Hausarbeits-/Vorratsraum, mindestens ein Bad mit Toilette, eine Küche und ein Wohnzimmer für die soziale Interaktion vorzusehen. Aber selten wird sich eine Familie damit zufriedengeben. Und Räume können über verschiedene Grundmaße verfügen und werden dann von einer Minimalausstattung zu einem Luxus. Ein Wohnzimmer kann saalartige Dimensionen bekommen und dazu mit einem offenen Kamin aufgewertet werden. Als Treppen kann man einfache steile Holzstiegen oder breit ausfächernde gerundete Galatreppen wählen – dies nur zur Illustration des breiten Spielraums.

Mehrere Bäder und Toiletten erleichtern die morgendliche Routine, ohne dass sich Warteschlangen vor der Tür eines einzigen Badezimmers bilden. Das kann so weit gehen, dass jedes Familienmitglied seinen eigenen Hygieneraum bekommt – und dazu ein Bad zum Gästezimmer gesellt wird.

Für den Grundriss macht man sich Gedanken um kurze Wege des Alltags. Lange Flure und weite Entfernungen sind zu vermeiden, wenn sich erfahrungsgemäß Handlungen in zwei Räumen, sagen wir mal Küche und Esszimmer, miteinander austauschen. In manchen Häusern gibt es dafür eine Speziallösung, wie etwa einen Essensaufzug.

Erwartet man, sein ganzes Leben an diesem Ort und in diesem Haus zu verbringen, schadet es nicht, es von vornherein altersgerecht zu planen. Das heißt, möglichst alles ebenerdig und mit wenig Stufen anzulegen. Eine Treppe sollte so beschaffen sein, dass sie später einmal einen Treppenlift aufnehmen kann, möglichst breit gebaut ist und solides Geländer erhält. Aber den Lift brauchen Sie nicht gleich einzubauen. Bringen Sie keinen Angehörigen mit, der schon heute darauf angewiesen ist, können Sie damit noch Jahrzehnte warten. Übrigens kann die seniorenorientierte Ausstattung auch bis zu spezieller Badezimmereinrichtung reichen. Diese Frage erstreckt sich eben nicht nur auf einen selbst, sondern auch auf Verwandte, die in nächster Zeit gebrechlich werden und einziehen könnten.

Für die Größe und Trennvorrichtungen innerhalb des Gebäudes sind Überlegungen interessant, eine Einliegerwohnung vorzusehen oder im Mehrgenerationenhaus eine Trennung womöglich nach Etage zu planen. Dafür sind dann eigene Eingänge über Nebenhaustüren eine praktikable Lösung, oder Sie legen einen gemeinsamen Hausflur (mit Treppenhaus) an, von dem Wohnungstüren abgehen.

Wie gesagt, ist die Bauart des Hauses nicht allein von unserem Geschmack und Geldbeutel, sondern auch vom Bebauungsplan der Gegend abhängig, der vorschreiben kann, ob hier Bungalows oder Satteldächer, einstöckige oder mehrstöckige Hauser genehm sind. Darüber informieren Sie sich beim Grundstückskauf – und wenn sich die Vorschrift nicht mit Ihrem Wunschhaus verträgt, nehmen Sie Abstand und suchen weiter. Diese Vorschriften sind nicht optional und nicht durch Sie abzuändern. Oder Sie gehen eben einen Kompromiss ein.

Die Frage der Badezimmer ist vielleicht die wichtigste, da die Planung Wasserleitungen und Abwasserrohre vorsehen muss. Andere Räume kann man später leichter umfunktionieren, aber ein Bad (oder eine Küche) ist planerisch etwas Besonderes.

Sanitärplanungen

(1) Die Frage, wie viele Sanitäreinrichtungen gebraucht werden, orientiert sich an der Anzahl der künftigen Bewohner und daran, wie hoch deren Ansprüche einer Abgrenzung voneinander sein werden. Bei mehreren Kindern etwa ist eine Lösung gut, wonach die Jungs ein Badezimmer bekommen und die Mädchen ein anderes. Gäste wird man ebenso separieren wollen – und dazu direkt am Gästezimmer, damit sie nicht nächtens durch das Haus irren. Toiletten, wenn nicht

automatisch mit jedem Badezimmer vorgesehen, sollten in jeder Etage mindestens einmal vorhanden sein. Das erspart die Rennerei über die Treppe, was des Nachts eine Gefahrenquelle sein kann, im halbwachen Zustand und im Dunkeln.

(2) Ob Duschen oder Badewannen verwendet werden, hat mit den Gewohnheiten der Familienmitglieder zu tun. Es soll Leute geben, die nur duschen. Andere legen auf die Gemütlichkeit einer Badewannensitzung Wert und nehmen ein Buch mit. Was nicht heißt, dass man in einer Badewanne nicht auch duschen könnte, wenn es schnell gehen muss.

(3) Bäder für Senioren nehmen auf Gebrechlichkeit Rücksicht und können mit Geräten ausgestattet werden, die die Nutzung erleichtern, bis hin zum Erhalt vollständiger Selbstständigkeit. Vielleicht sind sogar spezielle Wannen oder Duschen vorzusehen, die mit dem Rollstuhl begehbar sind. Dazu sind sie ebenerdig und keine Umrandung muss überwunden werden. Bei Badewannen gibt es solche mit Seitentüren, oder es wird eine Hebeanlage neben einer regulären Badewanne errichtet, welche eine Person aus dem Rollstuhl hinüber in die Wanne heben kann.

(4) Eine Küche ist nach Möglichkeit ebenso früh wie möglich zu planen, da sie mit den Badezimmern gemeinsam hat, Wasser und Abwasserleitungen zu benötigen – möglichst an den richtigen Stellen aus der Wand oder dem Boden tretend. Dann gibt es noch zu beherzigen, ob es eine offene Küche mit praktischer Durchreiche zum Esszimmer sein soll, was an einer Wandseite mehr oder minder nur eine Brüstung stehen lässt, oder ein abgeschlossener Raum. Küchenmöbel

sind heutzutage stark der Raumarchitektur angepasst, was es schwierig macht, die alte Einbauküche ins neue Haus mitzubringen, es sei denn, sie lässt sich umarbeiten und angleichen. Aus besonderem Anlass wird wohl eher eine neue Einbauküche fällig und die kostet wieder Tausende.

Heizung

Die Art der Heizung macht in der Planung ebenfalls eine Streckenführung für die Haustechnik nötig, und zwar einerseits zur Zuführung von Brennstoff bzw. seiner Lagerung (damit ist vor allem eine Ölheizung gemeint), und andererseits für die Zirkulation des Heißwassers, welches durch die Heizkörper in den Räumen fließen soll. Eine Ölheizung braucht einen Raum für sich, da man Tanks aufzustellen pflegt für die Bevorratung. Schon dafür wäre eine Unterkellerung dringlich zu empfehlen. Es gibt für Häuser ohne Keller oder mit knappem Platz die Lösung, Erdtanks im Außengelände einzugraben, für diese braucht es dann nur noch eine Zuleitung zur Heizung im Haus. Klar, dass das nicht beliebige Tanks sein können, sondern solche, die verrottungsfest und gegen Leckagen gesichert sind.

Ohne Keller, und wenn Erdtanks nicht möglich sind, bleibt nur die Opferung eines ebenerdigen Innenraums für den Öltank; er wird dann wohl zusammen mit dem Heizkessel in einem Raum aufgestellt.

Welche Heizungsart man wählt, hat also Auswirkungen auf die Gebäudeplanung. Gasheizung, E-Heizung, oder wenn man einen Anschluss für Fernwärme bekommt, haben keine Bevorratung von Brennstoffen nötig und sind darum am platzsparendsten. Dafür ist man in einer Krise auf die Verfügbarkeit dieser Energieform in der Gemeinde angewiesen. Überhaupt hat die Miniaturisierung der Heiztechnik dafür gesorgt, immer weniger Platz für eine Heizungsanlage zu benötigen. Über Ölheizungen haben wir schon gesprochen. Holz ist wieder groß im Kommen, immerhin ist es ein nachwachsender Rohstoff, der aus nächster Nähe bezogen werden kann. Vielleicht hat man sogar ein eigenes Waldgrundstück, in dem Holz anfällt. Jedoch ist das Feuern mit Holz zeitaufwändig und relativ schmutzig durch das ständige Öffnen einer Heiztür und Befüllen mit Scheiten, wenn man keine Anlage verwendet, die eine automatische Dosierung von Pellets vorsieht. Alles Holz, ob nun Pellets oder traditionelle Holzscheite, brauchen jedoch viel Platz in der Lagerung, mehr noch als Öltanks, und natürlich müssen sie trocken gehalten werden, um brauchbar zu sein. Eine Holzheizung mit Beschickung mit Scheiten verlangt die meiste manuelle Arbeit und eine häufige Kontrolle des Brennraumes, soll die Heizung nicht ausgehen. Dafür kann man Kohle einsetzen, wenn mal ein paar Stunden mehr überbrückt werden sollen – etwa über Nacht. Städtische Ballungsräume lassen diese Art Heizung jedoch unter Umständen gar nicht mehr für Neubauten zu, wegen der Rauchentwicklung.

Wenn die Frage der Energieerzeugung geklärt ist, bleibt noch diejenige der Wärmeabgabe. Die meisten Bauherren setzen immer noch von Warmwasser gespeiste Heizkörper ein. Die sind zwar erfreulich flach geworden im Vergleich zu den früheren klotzigen Rippenheizkörpern, aber es geht auch anders: mit Fußbodenheizung. Es gibt Leute, die schwören auf ein Heizklima, das vom Boden her gespeist wird. Da Wärme immer aufsteigt, ist das für ihre Verteilung im Raum die beste Lösung. Ohne kalte Füße und vernachlässigte Ecken. Aber nicht jeder Boden und Bodenbelag ist für Fußbodenheizung geeignet. Parkett und Teppiche mit gummierter Unterseite zum Beispiel sind ungeeignet für diese Heizungsart, man greift dagegen gern zu einer Verfliesung. Und wenn hier einmal Reparaturen anstehen, ist das Aufreißen von Fliesenboden und Estrich nötig. Die Lokalisierung eines Problems ist bei vielen ausgelegten Heizschleifen in einem Raum nicht einfach. Undichtigkeiten machen sich durch Durchfeuchtungen bemerkbar, schwieriger wird es bei verstopften oder gequetschten Kupfer- oder Kunststoffleitungen, die Problemstelle zu finden.

Stehende Heizkörper nehmen nur etwas Platz weg in ihrer modernen, flachen Bauweise. Da sie zumeist unter Fenstern positioniert werden, stehen sie seltener Möbeln im Weg. Es ist nicht sehr aufwändig, einen Heizkörper durch einen identisch dimensionierten auszutauschen, wenn er mal defekt sein sollte. Außerdem haben alle Heizkörper ihren eigenen Thermostat zur Einstellung, während die Fußbodenheizung nur in der Gesamtheit des Raumes, in welchem ein Kreislauf ausgelegt wurde, reguliert wird. Heizkörper können problemlos auch mal gegen größere ausgetauscht werden, wenn sich zeigt, dass das Zimmer nicht warm genug wird für den Geschmack seines Bewohners.

Keller

Trockenheit ist überhaupt das große Thema bei Kellern. Der Abdichtung während der Bauphase muss größte Sorgfalt zugemessen werden, oder es gibt jahrelange Scherereien mit Durchfeuchtungen aus dem Erdreich. Das geschieht durch Feuchtigkeitssperren vor den Seitenwänden und mit Drainage-Anlagen. Später Keller trocken zu bekommen, mag technisch möglich sein, ist jedoch sehr kostenintensiv.

Wenn kein Keller gebaut wird, hat das mit den Mehrkosten zu tun, die etwa 300 € für jeden Quadratmeter Fläche ausmachen. Der Aushub für den Keller verursacht Kosten nach der Bodenbeschaffenheit. Einfacher Boden ist unproblematisch, aber Felsen lassen die Kosten explodieren. Ein weiteres Problem wäre ein hoher Grundwasserspiegel, der unaufhörlich Wasser ins Gebäude drücken würde. Dagegen hilft die „Weiße Wanne“ als Baumaßnahme. Wenn man dann davon erfährt, dass manche Gemeinden selbst ohne Kellerbau vor Anlage der Fundamentplatte einen Austausch der obersten Bodenschicht fordern, ist man in solchen Fällen ohnehin nicht mehr weit entfernt von den Kosten eines echten Keller(Aushub)s.

Vom Immobilienmarkt her betrachtet ist ein Haus mit Keller später wertvoller als eines ohne, falls Sie mal einen Verkauf ins Auge fassen. Gerade in hochpreisigen Gegenden nutzen Sie Ihr Grundstück besser, wenn Sie mit dem Keller Ihre Gesamtnutzfläche annähernd verdoppeln. Ihr Vorteil ist, dass ein Untergeschoss jede Menge Sachen für die Lagerung schluckt, die Sie oben in den Parterre-Räumen nicht sehen wollen (und im Falle eines Bungalows haben Sie auch kein Dachgeschoss für die Lagerung nicht benötigter Sachen). Außerdem sitzt ein Haus sicherer auf einem Kellerfundament, das ringsum von Erdreich eingepackt wird, als auf plattem Boden, was spätere Setzungsrisse oder dergleichen angeht. Ein guter Keller isoliert gegen den Untergrund, die Kälte kriecht hier nicht durch die Fundamentplatte direkt von unten her in die Wohnräume, da der Keller immer ein bisschen puffert und mitgeheizt wird, selbst wenn dort keine Heizkörper installiert sein sollten (was nicht ratsam ist), so steht er immer noch über die Treppe in Luftaustausch mit dem Erdgeschoss.

Der Keller ist der Ort, wo viele Leute ihre Hausarbeitsräume unterbringen, wo gewaschen, getrocknet und gebügelt, wo etwas

Fitness betrieben wird oder ein Hobby zu seiner Entfaltung kommt. Manche haben hier einen Partyraum, wo es mal lauter zugehen kann als oben, wo der Schall über die Fenster eher an die empfindlichen Nachbarohren gelangen kann. Oder wenn oben die Hausbar keinen Platz findet oder von der Gattin nicht geduldet wird, dann wird sie eben unten als Kellerbar aufgemacht für die Bewirtung der Freunde.

Garage oder Abstellplatz

Eine Spezialform des Kellers oder Untergeschosses ist eine integrierte Garage auf diesem Level, welche über eine abschüssige Rampe erreicht wird. Das kann bei mangelnder Entwässerung bei starken Regenfällen aber zu einem Wassereinbruch, unter dem Garagentor hindurch, führen. Und bei Schnee und Eis im Winter kann die Rampe schwer zu überwinden sein bzw. das Auto unkontrolliert hinabrutschen, wenn man nicht durch Streuen vorgesorgt hat.

Bei mit dem Haus gebauten Garagen kann an Nebeneingänge gedacht werden, die direkt mit dem Haus verbunden sind und sich etwa im Winter als praktisch erweisen. Niemand muss hier erst im Freien zum Auto stapfen und es vom Schnee befreien oder dergleichen. In Verbindung mit einem ferngesteuerten Garagentor ist es möglich, direkt aus dem warmen Haus in ein warmes Auto einzusteigen und aus der Garage zu fahren, ohne dass man draußen etwas Kaltes anfassen müsste.

Weitaus häufiger sehen wir aber Fertiggaragen aufgestellt. Diese stellen Bauherren neben das Haus oder auch in einiger Entfernung zu diesem auf; sie lassen sich weniger leicht mit dem Gebäudekomplex verbinden. Sehr kleine Grundstücke verwenden

Carports, die ziemlich preisgünstig aus Holzgebälk, dazu aus Bausätzen, herstellbar sind und auch mal eine nachträgliche Überdachung vertragen. Eine Garage, Doppelgarage oder gar die Unterbringung im Untergeschoss sind kostenintensive Lösungen. Einfach den Wagen auf dem Platz vor dem Haus, in der Einfahrt oder außerhalb des Grundstücks auf der Straße geparkt zu lassen, kostet dagegen gar nichts und ist in einem Wohnviertel ohne Parkplatzprobleme auch nicht schwierig oder bedenklich.

Verfügen Sie über ein großes Grundstück, wollen Sie vielleicht Parkplätze vor der Garage einrichten, besonders, wenn Sie häufig Besuch erwarten oder mehrere Bewohner motorisiert sind. Dann überlegen wir uns noch, ob wir Abstellplätze für Zweiräder brauchen. Gibt es dafür einen externen Schuppen oder sollen sie in Garage oder Haus untergebracht werden? Während des Tages kann ein verbreiterter Zuweg ausreichen, auf dem ein Fahrradständer Platz findet.

Arbeitsräume

Vom Haushaltsraum für das Waschen und Trocknen wurde schon gesprochen, er darf zur Standardausrüstung eines neuen Hauses gezählt werden. In der Mietwohnung hatten Sie wohl noch die Waschmaschine in einer Ecke der Küche oder im Bad stehen und bügelten auf dem Küchentisch. Das ist mit einem vernünftigen Hausarbeitsraum vorüber. Die bauliche Besonderheit hier wird ein Austritt durch die Hauswand nach draußen sein, sofern ein Ablufttrockner verwendet wird, der seine feuchte Luft nach draußen bläst. Täte er dies in den Raum hinein, würde darin die Schimmelbildung durch eine hohe

Luftfeuchtigkeit begünstigt. Hat man einen Keller, ist der Hausarbeitsraum zumeist dort untergebracht und die Abluft kann entweder senkrecht im Schacht nach oben und (kombiniert mit der Dunstabzugshaube der Küche darüber?) nach draußen geleitet werden, oder endet einfach mit dem Schlauch in einem Kellerfenster oder dessen Lichtschacht.

Arbeitsräume können mit dem Beruf oder Nebenberuf zu tun haben. Freiberufler in Büroberufen haben oft ein Heimbüro, besonders wenn sie keine Angestellten beschäftigen, mit denen sie ein auswärtiges reguläres Büro zu teilen hätten. Das Büro kann wertvoll sein, denn es erspart das tägliche Pendeln zu einem entfernten Arbeitsplatz, den Mietaufwand eines externen Büros und erlaubt die Abschreibung von Ausgaben, die rund um das Heimbüro entstehen. Es muss auch nicht einem Vollerwerbsjob dienen. Wer ein kleines Büro zuhause betreibt, macht vielleicht dort nur die Haushaltsbuchführung und Steuererklärung, sonst steht hier nur der Spielecomputer.

Handwerklich begabte haben gerne eine Heimwerkerwerkstatt oder andere Räume ähnlicher Art mit einer technischen Ausstattung, in denen sie ungestört Dinge tun können, die einem Hobby oder einem Nebenerwerb zuzuordnen sind. Hat das mit dem Auto zu tun und die Garage ist nicht vom beengten Typus der Fertiggarage, kann das auch eine Seite der Garage mit Werkbänken sein.

Arbeitsräume müssen nicht für einen Zweck vorausgeplant sein. Wenn man sie in einer großen Familie als „Universalzweckräume" vorsieht, erleben sie im Lauf der Zeit wechselnde Nutzungen, je nachdem, wie sich die Geschmäcker und Freizeitaktivitäten der Bewohner entwickeln. Mal steht dort die Modelleisenbahn, mal ist dort die Fahrradwerkstatt, mal lagert der Junior dort die Computerteile für seine neue Geschäftsidee,

Gebrauchtcomputer zusammenzubauen und zu verkaufen. Tausend andere Ideen verlangen nach einem eigenen Raum.

Das intelligente Haus und die Sicherheitsausstattung

Der Trend geht zu Häusern, die mit Elektronik aufgepeppt über eine Zentrale oder Ihre Smartphone-App gesteuert werden können. Hauptsächlich derzeit auf dem Gebiet der Komfortsteuerung: Heizung, Licht, Einstellung von Rollos und Blenden. Und natürlich die Sicherheitstechnik, die den Zugang zum Haus regelt und den Alarm ein- oder ausschaltet. An Fenstern können Glasbruchsensoren angebracht sein. Bewegungsmelder sichern in Zeiten, zu denen niemand im Kontrollbereich in Bewegung erwartet wird, dass dies auch überwacht bleibt und eine Meldung an Sie hinausgeht, wenn ungewöhnliche Dinge geschehen. Haustüren können nach Einbruchsschutzklassen gewählt werden, Fenster können abschließbare Griffe besitzen. Bei einem hohen Automatisierungsgrad lassen sie sich von der Klimasteuerung öffnen und schließen. Hochwertige Haustüren ähneln mit mehrfachen, motorisch angetriebenen Schwenkbolzen sicherheitstechnisch Safe-Türen, sind aber mit Fingerscannern relativ einfach von autorisierten Personen zu öffnen. Selbst für sie gibt es schon die Anbindung an eine App auf dem Smartphone des Hausherrn mit Nachweis aller Türbetätigungen samt Namen der Nutzer über die letzte Zeit sowie einem Management der Zutrittsrechte. Ob man den ganzen kostenintensiven Zauber wirklich braucht, muss man mit sich selbst ausmachen und einen Blick darauf bewahren, ob die womöglich verschlafene Gegend, in welcher man das Haus zu bauen gedenkt, den Aufwand wirklich notwendig macht.

Platz zum Spielen

Eine der größten Motivationen für den Hausbau ist die Familiengründung oder die Erweiterung der Familie um (weitere) Kinder. Sie bauen ein Nest und wollen Ihren Kindern eine unbeschwerte Jugend bieten, abseits von den räumlichen Zwängen einer Mietwohnung, die sich vielleicht noch dazu in einem Wohnblock befindet, und dieser in einem Problemviertel. Sie träumen daher von geräumigen Kinderzimmern in ausreichender Zahl, ohne Doppelbett-Unterbringung und Streitereien um jeden Quadratzentimeter für das Spielzeug der Kontrahenten.

Neben den Kinderzimmern und vielleicht Bad/WC dazu werden Sie für die Kinder ein besonderes Auge auf die Außenanlagen haben, denn Kinder wollen bei schönem Wetter gern draußen sein und im Garten spielen. Also wünscht man sich einen Rasen für Ballspiele, einen Grillplatz und für die ganz Kleinen einen Sandkasten. Ob da noch Platz ist für die Aufstellung einer Schaukel? Für einen aufblasbaren Pool im Sommer? Oder gleich ein fest im Erdreich eingegrabenes Becken? Wie auch immer die sportlichen und spielerischen Geschmäcker in Ihrer Familie sind: Ein weitläufiger Garten ist toll für die Freizeitgestaltung. Und sicherer, als die Kinder irgendwohin nach draußen zu schicken.

Zeitlicher Ablauf eines Hausbauprojektes

Ehe wir uns mit dem Bauträger beschäftigen, lassen Sie uns kurz die Abläufe des Hausbaus aufzeigen, um einen Überblick zu liefern, wie die Ereignisse zusammenhängen und wann es Zeit wird, an den nächsten Schritt zu denken.

1. Sie klären Ihren Bedarf und stecken Ihre Ziele ab. Haustyp und die anfallenden Kosten dafür werden ermittelt und geschätzt.
2. Mit den Zahlen und Nachweisen zu Ihrer Vermögenslage und Einkünften gehen Sie auf die Suche nach einem ausreichenden Bankkredit, falls Sie nicht zu den Glücklichen gehören, die einen Hausbau aus der eigenen Tasche oder mit Unterstützung von Angehörigen stemmen können. Sie warten, bis Sie die Zusage der Bank haben, ehe Sie sich in Ausgaben stürzen, die mit dem Hausbau zu tun haben.
3. Manche Bauherren nehmen sich einen Baubegleiter. Das ist eine Person vom Fach, die den Bauherren beraten soll auf den nächsten Schritten. Durch seine Neutralität ist er geeignet, den Bauherren vor Nachteilen aufgrund mangelnder Erfahrung und Branchenfremdheit zu schützen, und er sorgt dafür, dass nichts vergessen wird. Mit einem guten Buch wie diesem können Sie sich den Baubegleiter hoffentlich sparen.
4. Sie erwerben ein Grundstück. Das kann auch nach dem Vorentwurf geschehen, sofern es sich damit verträgt oder Adaptionen möglich sind. Der Baugrund wird auf seine

Eignung geprüft. Mit der Bank sind Sie sich schon längst einig, denn Sie brauchen ja Geld, um dieses Grundstück kaufen zu können. Bekommen Sie das Grundstück vom Bauträger, entfallen dieser und die vorgenannten Punkte zum Grundstückserwerb.

5. Der Vorentwurf nimmt auf, was Sie sich als Ihr Traumhaus vorstellten und was mit der Wirklichkeit (damit ist wohl meistens das Budget gemeint) zu einem Kompromiss verschmolz. Der Entwurf kann von einem unabhängigen Architekten stammen oder von Ihrem Bauträger, mit dem Sie schon im Vertragsverhältnis stehen könnten. Was in Ihrer Region überhaupt gestattet ist, sollte dabei mit einfließen und anderes ausschließen. Bauvorgespräche klären alle Fragen bis zum Vorentwurf, welcher während dieser Besprechungen entsteht. Langsam wird eine Entscheidung für einen bestimmten Bauträger dringlich.
6. Der Bauträger zeigt Ihnen Muster der in Frage kommenden Ausstattung. Sie entscheiden sich für Hölzer, Putze, Farben, Fliesen usw. Sonderwünsche treiben hier die Kosten hoch, weshalb Sie versuchen sollten, sich mit Standardprodukten zufriedenzugeben; es sei denn, Sie haben zu viel Geld. Sie müssen sich teilweise danach richten, was der Bebauungsplan Ihrer Gegend für die Häuser und das „einheitliche Erscheinungsbild" vorgezeichnet hat. Das kann die Fassadengestaltung betreffen, die Dachfarbe … und was sonst noch im Bebauungsplan fixiert wurde. Die grundlegenderen Vorgaben wie die Dachart hatten Sie hoffentlich schon zu einem früheren Zeitpunkt bedacht, weil diese nämlich die Baupläne massiv beeinflussen.
7. Länger wird man Bauunternehmen ohne Vertragsabschluss nicht hinhalten können und kann auch keine kostenlosen

Leistungen erwarten, ohne sich mit einem festen Auftrag an sie zu binden. Sie holen sich Angebote von diversen denkbaren Bauträgern ein (wohl zusammen mit (6) und seinen Mustern), diese werden zu den verbindlichen Baubeschreibungen, die man auch LV oder Leistungsverzeichnisse nennt, zusammengestellt und mit Ihnen abgestimmt. Wenn Sie hier nicht aufpassen, entstehen Ihnen ganz große Nachteile (siehe folgende Kapitel) und Sie bekommen das, was der Bauträger Ihnen verkaufen möchte, aber nicht das, mit dem Sie auskommen könnten (also weniger). Und nicht aufgenommene Posten in den Baubeschreibungen feiern fröhliche Urstände durch kostenpflichtige Extraleistungen, die Sie später dazu bestellen müssen. Ist Ihr „Baubegleiter" gut, warnt er Sie davor. Ist er es nicht oder Sie haben keinen genommen, haben Sie ja noch dieses Buch …

8. Haben Sie die Baubeschreibungen bereits durch Umfragen unter mehreren Kandidaten von Bauträgern perfektioniert, können Sie diese jetzt als Bauausschreibung benutzen, die Sie dem gewünschten Bauträger zur Akzeptierung vorlegen.
9. Die Bauplanung setzt hier ein und schafft die Entwurfspläne. Ohne Bauplan keine Baueingabe auf dem Amt und keine Baugenehmigung. Diese Einreichung muss mit der Unterschrift und dem Stempel eines Architekten oder Bauingenieurs erfolgen, zum Nachweis der fachlichen Qualität des Planes. Der Unterzeichner haftet übrigens auch dafür.
10. Haustechnik und Elektroinstallation werden auf der Grundlage der Entwurfsplanung geplant. Dies sind Spezialpläne für Gewerke. Größere Änderungen an den Bauplänen sollte es nicht mehr geben, sonst müssen die Planungen zu Wasser- und Abwasserrohrverlegung, Heizungsanlage und Elektroinstallation wegen geänderter Grundlagen wieder überarbeitet werden.

11. Der Bauzeitenplan wird geschaffen. Er zeigt, was wann beginnt und zu Ende kommen sollte. Es ergeben sich Abhängigkeiten der Gewerke voneinander, weshalb viele Arbeiten aufgehalten werden, wenn eine voranzugehende Arbeit noch nicht abgeschlossen werden konnte.
12. Preisvergleich mit Ihrer Bauausschreibung, oder, falls nicht vorhanden, unter den möglichst abgeklopften und mit Fragen geklärten Baubeschreibungen Ihrer Kandidaten. Sie küren den Favoriten und vergeben an ihn vertraglich den Bauauftrag.
13. Mit dem Bauträger ergibt sich die Person des GU-Bauleiters, also nicht eines Bauleiters für nur ein Gewerk, sondern für die große Übersicht. Ihr Bauträger ist der Generalunternehmer.
14. Je nach Beschaffenheit des Grundstücks: Abbruch- und Abräumarbeiten, Rodungsarbeiten, Baustelle einrichten.
15. Erdarbeiten und Aushub.
16. Verlegen von Kanalisation und Vorbereiten des Wasseranschlusses.
17. Fundament anlegen. Eventuell darauf ein Kellergeschoss, falls vorgesehen.
18. Drainage um Kellerwände oder Bodenplatte herum.
19. Rohbau.
20. Bei allem anderen als einem Bungalow errichten die Zimmerleute einen Dachstuhl.
21. Andere Arbeiten am Dach, inklusive Dachdeckung.
22. Fenster und Türen, grundlegende Sanitärinstallation, Heizungsinstallation, Elektroinstallation, Sicherheitssysteme einbauen.
23. Innenputz und Trockenbau, je nachdem, was wo geplant ist.
24. Estriche und Fußbodenheizung, falls vorgesehen.
25. Fliesenverlegung, Malerarbeiten.

26. Fußböden ihrer Art nach, wie Parkett, Laminat oder Auslegware.
27. Montage von Innentüren und abschließende Sanitärinstallation.
28. Dämmung und Verputzen der Außenfassade.
29. Garage oder Nebengebäude errichten, Gestaltung der Außenanlagen.
30. Endabrechnung mit Bauträger, nach einer im Vertrag festgelegten Frist nach Übergabe. Alle Rechnungen während des Projektes sind logisch den dazugehörigen Posten in der Aufstellung der Bauleistungen zuzuordnen, etwa über nummerierte Positionen und über Textpassagen identifizierbar.

Die Zusammenhänge sind klar und darum als logische Kette abzuarbeiten:

- Ohne Bedarfsermittlung gibt Ihnen die Bank keinen Kredit.
- Ohne Kredit erhalten Sie keine Planung.
- Ohne Planung kommt keine Liste an Ausführungsdetails zusammen.
- Gibt es keine Ausführungsdetails, ist die Baubeschreibung unmöglich.
- Ohne Baubeschreibung gibt es kein Leistungsverzeichnis.
- Ein Leistungsverzeichnis macht erst die Bauausschreibung möglich.
- Keine Bauausschreibung bedeutet keine Angebote von Bauunternehmen.
- Keine Angebote zu erhalten bedeutet, keinen Bauauftrag vergeben zu können.
- Ohne Bauauftrag baut Ihnen niemand ein Haus.

Bauträger finden

Wichtig für die Nerven der kommenden Monate und überhaupt ein glückliches Unterfangen ist die Wahl des richtigen Bauträgers. Darunter versteht man den Bauunternehmer, der Ihnen nach Ihren Vorgaben und in Abstimmung mit Rahmenbedingungen und gesetzlichen Vorschriften innerhalb Ihres vereinbarten Budgets das Eigenheim erstellen wird. Der Bauvorgang selbst geschieht in seinem Risiko.

Baut der Bauträger auf einem Grundstück, das sich bereits in Ihrem Besitz befindet, so nennt man ihn Generalunternehmer. Er kann ja noch Subunternehmer, über die er innerhalb des Projekts weisungsbefugt ist, einsetzen, weshalb der Begriff ihn an die Spitze der Bautätigkeit setzt. Einen notariellen Vertrag brauchen Sie mit dem Bauträger nur abzuschließen, wenn er Ihnen auch das Grundstück mit seiner Bauleistung verkauft. Als Generalunternehmer (ohne Grundstück) kommen Sie beide noch mit einem schriftlichen Vertrag aus. Beide Vertragsverhältnisse sehen identisch vor, dass er von Ihnen Abschlagszahlungen auf die Gesamtsumme erhält, nach dem Stand der fortlaufenden Vertragserfüllung. Sozusagen Teilzahlungen. Die Makler- und Bauträgerverordnung MaBV regelt die Einzelheiten eines solchen Bauträgervertrags. Für die Dokumentierung des aktuellen Bautenstands (wichtig für das Auslösen dieser Teilzahlungen) führt der Bauträger über einen Beauftragten einen laufenden Bautenstandsbericht, der den Vorgaben der anfangs vereinbarten Baubeschreibung als Teil des Vertragswerks folgt.

Es gibt wohl auch andere Methoden, sein Haus errichten zu lassen, als über Bauträger, aber wir haben uns entschlossen, dieses Buch ausschließlich vom Bauen mit Bauträger handeln zu lassen, schon weil der Inhalt sonst aus allen Nähten platzen müsste und da der Weg über den Bauträger unverändert von den meisten Bauherren beschritten wird. Schließlich verspricht die Konzentration auf diese Bauvariante, dass gezieltere Hilfestellungen über dieses Buch geboten werden können, als wenn wir oberflächlich blieben und alle anderen Bauprojekttypen mit in die Besprechung nähmen.

Wenn Sie nicht gerade selbst Bauingenieur von Beruf sind, sichert Ihnen die Verwendung eines Bauträgers oder Baugeneralunternehmers (für die wir fortan zusammenfassend allein den ersten Begriff verwenden wollen) das fachliche Wissen, um die Errichtung Ihres Familienhauses nach allen Regeln des Baugewerbes und den Vorschriften zu garantieren. Die Leute vom Bau stehen ein für ihre Leistungen, für die zu erbringen sie einmal Meisterprüfungen ablegen oder Diplome erwerben mussten. Jedenfalls darf man das annehmen, so lange kein „Pfusch am Bau" auszumachen ist. Mit diesem Buch sind Sie immerhin in der Lage, stärker darauf achten zu können.

Immerhin kann man sich im Vorfeld über den Ruf eines Bauträgers informieren, indem man

- eine Bankauskunft besorgt,
- die Vorgeschichte des Bauträgers recherchiert,
- sich umhört, ob er in problematische Bauprojekte verwickelt war,
- sich bei früheren Kunden Auskünfte über die Zusammenarbeit einholt,
- Objekte in Augenschein nimmt, die der Bauträger fertiggestellt hat.

Sie müssen sich auch nicht mit einem Bauträger allein auseinandersetzen. Fast immer gibt es eine Konkurrenzsituation auf dem Markt und Sie können mehrere Anbieter miteinander vergleichen. Die Gespräche mit potentiellen Bauträgern, bei denen Sie Ihr Bauvorhaben schon skizzieren können, um sich Auskünfte einzuholen, sollten erste Anzeichen liefern, wieso der eine besser wäre als der andere. Bei denen, die Sie in die engere Wahl nehmen wollen, lassen Sie sich Angebote machen zu der detaillierten Beschreibung Ihrer Vorstellungen. Nun können Sie die Leistungen der möglichen Bauträger direkt miteinander vergleichen, Punkt für Punkt in der Aufzählung der gewünschten Extras. Aber der Billigste ist nicht unbedingt der Beste (denken Sie an Ihre Ermittlungen zum Ruf des Unternehmens im Vorfeld). Mit Nachfragen sortieren Sie Missverständlichkeiten aus und nageln gleichzeitig Ihren eventuellen künftigen Vertragspartner auf schriftlich festgehaltene Details fest, nach denen er sich richten muss, wenn es zum Abschluss kommt. Die Kostenaufstellungen der Bauträger nehmen Sie mit und können Sie zuhause in Ruhe miteinander vergleichen, ohne Druck ausgeliefert zu sein.

Die Frage, in welchem Endzustand das Haus übergeben werden soll, ist von besonderem Interesse und vermeidet böse Überraschungen. Schlüsselfertige Übergabe muss nicht bedeuten, dass das Haus bezugsfertig sein wird – es fehlen noch Bodenbeläge, Tapeten, Verkleidungen. Im Außenbereich gibt es keine Pflasterarbeiten und die Garage ist auch nicht enthalten. Das gehört daher alles schriftlich festgesetzt. Das vermeidet auch Streitereien, wenn Sie meinten, etwas wäre inklusive, und dann bei Übergabe ein vermeintliches Manko entdecken. Wenn sich der Punkt dann in den frühen detaillierten Aufzählungen der Bauleistungen findet, muss darüber nicht gestritten werden und selbst teure, unnötige Klagen vor Gericht können vermieden werden.

Es geht nicht darum, wie ein kleinlicher Pedant auszusehen, sondern darum, Klarheit zu schaffen. Alle nötigen Dinge der Baustelle werden besprochen und festgelegt: Kümmert sich der Bauträger um die Bereitstellung von Baustrom (vom E-Werk oder der Gemeinde), von Wasser? Lässt er das Grundstück vermessen oder macht das ein anderer Dienstleister, um den Sie sich kümmern müssten?

Ausnahmen von der VOB/B?

Die Arbeiten lassen möglicherweise zusätzliche Optionen entstehen und Sie können Angebote für weitere Leistungen annehmen. Welche wären das und in welchem Umfang – zu welchem Preis? Auf diesem Gebiet versuchen manche Bauträger, die Unerfahrenheit ihrer Kunden auszunutzen und Dinge in Verträgen auszuschließen, von denen man als Laie geglaubt hätte, dass sie enthalten sein müssten. Es gibt somit keine „Selbstverständlichkeiten", die keiner Klärung bedürften. Sie dürfen sich auch nicht abwimmeln lassen, sondern auf die Dinge bestehen, die Sie im Vertrag sehen möchten – zu den und den Bedingungen und zu einem vereinbarten Preis.

Zwei Beispiele für Leistungen, die überraschend fehlen können, obwohl Sie dachten, sie wären inklusive:

- Sie erwarten, dass Ihr Dachboden sich mit dem „schlüsselfertigen Bau" zum Begehen und Abstellen von Sachen eignen würde. Dann entdecken Sie aber, dass Sie nur auf den Dachbalken balancieren können – die Bodendielen müssen Sie selbst verlegen, die fehlen nämlich.

- Sie denken, dass die Dachuntersicht[1] doch eigentlich ordentlich gestrichen sein müsste, um die Sache komplett zu machen? Weit gefehlt, außer einer Grundierung ist nichts aufgetragen worden, dann ist nach Abschluss der Arbeiten auch noch das Baugerüst abgebaut worden – und Sie können selbst zusehen, wie Sie den Schutzanstrich dorthin bekommen.

Als Vertragsgrundlage wird die VOB/B benutzt. Achten Sie darauf, dass diese in Ihrem Vertrag als Grundlage genannt wird und keine Ausnahmen davon definiert werden. Somit sind nämlich alle Bauleistungen nach VOB/B definiert und bieten eine Rechtssicherheit, die Sie einfordern können, wenn Leistungen nicht erbracht wurden, wie dort beschrieben. Der Bauträger sollte Ihnen eine Ausgabe der „Vergabe- und Vertragsordnung für Bauleistungen" zur Verfügung stellen können. Damit haben Sie die Handhabe, Abweichungen zwischen dem, was der Bauträger im Vertrag festhalten möchte (zu seinen Gunsten natürlich), und dem Regelwerk der VOB/B festzustellen und zu monieren. Ein Gesetzeswerk ist die Vergabe- und Vertragsordnung nicht, aber sie definiert die Allgemeinen Geschäftsbedingungen zwischen Ihnen und dem Bauträger.

Ist es dann passiert und von der VOB/B abweichende Regelungen sind im Vertrag und damit von Ihnen unterzeichnet worden, ist es zu spät. Nehmen Sie sich im Interesse Ihres Seelenfriedens alle Zeit, um Vertrag und VOB/B zu studieren und die Diskrepanzen zu finden. Dann bestehen Sie auf Änderungen. Ist der Bauträger dazu nicht bereit, gehen Sie eben zum nächsten. So sortieren Sie die schwarzen Schafe aus, die routiniert Laien aufs Kreuz legen, während sie Zeit und Geld sparen mit ausgeklammerten Bauleistungen.

1 Dachuntersicht ist ein Dachüberstand, der an der Traufe als Verbretterung unterhalb der Sparren ausgeführt ist, als eine Art hölzerne Verkleidung des Dachüberstands auf der Unterseite.

Bauzeitgarantie

Ihr Vertrag mit dem Bauträger kann eine Verabredung zu einer Bauzeit- und Festpreisgarantie enthalten. Damit legt sich der Bauträger auf einen Fertigstellungstermin fest. Sie müssen sich darauf verlassen können, dass die Zusage eingehalten wird, denn wenn es länger dauern sollte, kommen neue Kosten auf Sie zu, vor allem dadurch, dass Sie weiter in Ihrer Mietwohnung leben und dafür Miete bezahlen müssen. Hat Ihr Vermieter im Glauben, dass Sie an Monatsende X ausgezogen sein werden, bereits eine Neuvermietung angeleiert, ist der Ärger mit diesem vorprogrammiert. Vielleicht kommt es sogar zu Schadensersatzforderungen. Haben Sie dagegen den Umzug an den neuen Ort mit einem Arbeitsplatzwechsel verknüpft und müssen daher, ob das Haus nun fertig ist oder nicht, an den Ort Ihrer neuen beruflichen Tätigkeit wechseln und auf das Haus wartend eine andere Unterkunft nehmen, wird das ebenfalls teuer. Außerdem geht Ihr Kreditvertrag davon aus, dass jetzt schon die Tilgungen zu starten haben, und Sie haben diese Zahlungen am Hals, ob Sie nun schon ins neue Haus einziehen können oder noch nicht.

Die Bauzeitgarantie enthält eine Regelung für den Fall, dass sie nicht erfüllt wird: die Verzugsstrafe. Oder, um es noch juristischer auszuformulieren, der Bauträger gibt ein Vertragsstrafeversprechen bei Nichterfüllen der Fertigstellung zum festgelegten Termin.

Festpreisgarantie

Der schriftlich genannte Festpreis entspricht dem Interesse eines jeden Bauherrn, die Kosten im Zaum zu halten, und beschränkt das Preisrisiko während des Bauvorgangs auf den Bauträger, der sich verteuerten Baumaterialien, angestiegenen Löhnen, Ausfällen von Maschinen oder Arbeitern und einer eintretenden Unzuverlässigkeit von Subunternehmern nebst allen Auswirkungen auf Zeit und Kosten ausgesetzt finden könnte. Er kann dann diese Mehrkosten nicht auf Sie abwälzen, sondern muss sie von seinem Gewinn abziehen. Sie können aber auch kein Interesse daran haben, dass Ihr Bauträger während der Bauphase zu sehr unter ausufernden Kosten leidet, denn sonst könnte er am Ende noch bankrottgehen und Sie bekommen das Haus nicht fertiggestellt. Um die Festpreisgarantie nicht zu übertreiben, ist sie gewöhnlich auf einen Zeitraum begrenzt, innerhalb dessen auch die Hauserstellung terminiert ist. Üblich sind sechs oder zwölf Monate. Im Vertrag wird eine Kalkulation enthalten sein, die die Bauleistungen und die voraussichtliche Menge an Baustoffen zu ihrer Herstellung aufzählt. Diese Kalkulation wird ausdrücklich in der Festpreisvereinbarung genannt, auf sie bezieht sich die Garantie. Macht der Bauunternehmer dabei Fehler, dann hebt das weder die Garantie noch gleich den ganzen Vertrag auf – er muss dann damit leben. Dies ist ein Schutz vor dem Einsetzen einer Kostenexplosion auf Ihrer Baustelle. Die Festpreisgarantie ist für Sie also ein Riesenvorteil – und auch Ihre baufinanzierende Bank wird sie gern sehen. Man muss allerdings darauf achten, dass sie nicht durch juristisch unklare Formulierungen oder andere Tricks verwässert wird, um sich Hintertürchen zu öffnen.

Was würden Sie etwa vermuten, wenn Ihnen ein schlüsselfertiges Haus angeboten wird, zu dem in der Baubeschreibung steht: „Preis gilt ab Oberkante Bodenplatte“? Vermutlich nicht, dass Ihnen die Aushubarbeiten und die Bodenplatte zusätzlich berechnet werden würden. Aber tatsächlich bezieht sich der Festpreis hier nicht auf die Arbeiten „unterhalb der Oberkante Bodenplatte“. Ebenso wenig vermutlich auf die Baustelleneinrichtung und das Baugrundachten im Vorfeld. Dies ist nur ein Beispiel für böse Überraschungen, während man sich auf der sicheren Seite wusste.

Auf mündliche Zusagen und Vereinbarungen sollte man sich nie verlassen. Selbst die schriftliche Form kann gar nicht pedantisch genug sein, etwa indem Mauerstärken definiert werden und die Zahl an Steckdosen für jeden Raum. Posten, die mit „auf Wunsch“ gekennzeichnet sind, fallen ebenso aus dem Rahmen der Garantiezusicherung und würden, wenn dieses Extra mit einer „Wunschäußerung“ durch Sie dazu käme, mit Sicherheit aufpreispflichtig.

Wenn sauber und ohne solche Tricks implementiert, ist die Festpreisgarantie wie die Bauzeitgarantie ein guter Indikator für einen fairen und verlässlichen Bauträger, der sich um seinen Auftraggeber bemüht. Dass es überhaupt zu so vielen Tricks kommt, ist der Tatsache geschuldet, dass es keine wirklich verbindliche Definition im Gesetz dafür gibt, welche Kosten sich in einem Festpreis befinden müssen. Eine Festpreisgarantie in einer Baubeschreibung, die so viele Löcher wie ein Schwamm besitzt, ist nicht mehr als ein Köder und ziemlich wertlos. Wenn Sie sich die Verträge mit Baubeschreibungen von verschiedenen Bauunternehmen aufsetzen lassen (noch ohne sie mit Unterschrift abzuschließen, natürlich), können Sie diese miteinander vergleichen und werden mit Sicherheit auf Lücken, ob gewollt oder ungewollt, aufmerksam.

Sachmängelhaftung und Fertigstellungsbürgschaft

Ein großes Thema auf dem Bau sind Sachmängel. Die müssen erst mal erkannt werden, was manchmal erst nach Verstreichen einer Zeit offenkundig wird, etwa bei Eindringen von Feuchtigkeit und deren Folgeschäden – das ist einer der häufigsten Mängel.

Der Vertrag kann Regelungen zur Mangelhaftung enthalten. Auf einen generellen Ausschluss der Haftung sollten Sie sich nie einlassen, denn § 633 BGB sichert Ihnen das Recht zu, vom Unternehmer ein von Sach- und Rechtsmängeln freies Werk verschafft zu bekommen. Der Bauvertrag nennt eine vereinbarte Beschaffenheit, die zu erfüllen ist. Ein Mangel ist eine Beeinträchtigung der Funktionsfähigkeit eines Werkes. Es wird auch von Mangel gesprochen, wenn die erbrachte Leistung nicht den anerkannten Regeln der Technik, wie sie in DIN-Normen beschrieben sind, folgt (dies ist eine Besonderheit eines Vertrags auf der Basis der VOB/B statt BGB). Ihnen als Bauherrn obliegt es, nach der Abnahme des Baus Mängel zu beweisen, abgesehen von solchen Mängeln, die schon im Abnahmeprotokoll festgehalten wurden. Wenn Ihnen dort während der Bauabnahme ein Mangel bekannt wurde und Sie den Vorbehalt nicht aufnehmen lassen, verlieren Sie bereits Ihre Rechte auf Nacherfüllung, wie in § 640 BGB genannt. Mit der Bauabnahme beginnt die Uhr der Verjährungsfrist zu ticken. Die Bau- und Leistungsbeschreibung hat aber mit den detaillierten Bauplänen völlig übereinstimmend zu sein. Sofort eingreifen können Sie, wenn Sie erkennen, dass minderwertigere Materialien statt der vereinbarten verbaut werden oder die Qualität der technischen Ausstattung nicht Schritt hält mit der, die in der Baubeschreibung festgelegt wurde. Als Bausachverständige können Architekten, Bauingenieure und Fachleute von DEKRA oder TÜV Prüfungen vornehmen – natürlich niemand, der für den Bauträger arbeitet. Mit Zeugen und Fotos wird der Mängelzustand dokumentiert und der Bauunternehmer darüber informiert, mit der Aufforderung, für Abhilfe zu sorgen.

Was durch Baubeschreibungen geregelt wird, sind einerseits Vereinbarungen, dass Zahlungen erst nach Feststellung einer mängelfreien Fertigstellung des jeweiligen Bauabschnittes fällig werden, andererseits setzen die Vertragspartner Zeiträume für eine Gewährleistung und im Fall von vorgefundenen Mängeln eingeräumte Fristen zu ihrer Beseitigung fest. Ohne diese Fristen zur Mängelbeseitigung läuft es nicht; nach ihrem Ablaufen oder bei Verweigerung des Bauträgers, für Abhilfe zu sorgen, verlangen Sie von ihm Schadensersatz. Alternativ käme eine Einigung auf eine Minderung (also ein Preisnachlass) in Frage. Wird die Mängelrüge nicht beantwortet, können Sie den Mangel selbst abstellen oder ein anderes Unternehmen damit beauftragen – und die Kosten dafür vom Bauträger zurückverlangen. Der Bauleiter unterdessen entscheidet über die Mittel, mit denen der ausgemachte Baumangel abgestellt werden soll. Wenn die Forderung aber extrem unverhältnismäßig ist, kann er auch von einem Leistungsverweigerungsrecht Gebrauch machen, wie es in § 635 BGB Absatz 3 steht.

Die Dauer der Gewährleistung, also bis wann ein Mangel beanstandet werden kann, hängt von der Art des Mangels ab. Für alle vereinbarten Bauleistungen gilt erst mal eine Gewährleistungsfrist von fünf Jahren, ab Datum der Bauabnahme. Wird ein Mangel behoben, beginnt die Verjährung ab seiner zugestandenen Beseitigung erneut. Mit Auftreten von Mängeln verschiebt sich also die Frist immer wieder nach hinten. Verborgene Mängel werden nochmals anders eingeschätzt, weil sie erst sichtbar werden, wenn sie schon unbemerkt Schaden verursacht haben. Das kann dann bis dreißig Jahre gehen, braucht aber eine gerichtliche Auseinandersetzung und Baubegutachter, um eine neutrale Faktenlage auf den Tisch zu bekommen.

Während sonst die VOB/B das Maß aller Dinge ist, sollte man sie im Bauvertrag keinesfalls als Regelungsgrundlage für Gewährleistungsfristen festlegen lassen, sondern das Bürgerliche Gesetzbuch BGB. Die VOB kennt zwei oder vier Jahre als Fristen, während das BGB fünf Jahre ansetzt. Das wurde vom Bundesgerichtshof festgestellt, weil die VOB/B kaum von Laien verstanden werden kann und ungenügenden Verbraucherschutz bietet. Unzulässig sind Ausschlüsse von Gewährleistungsfristen oder ihre Kürzung durch den Bauvertrag. Das müsste aber erst vor Gericht zurechtgerückt werden, weshalb man solch einen Vertrag besser gar nicht erst abschließt.

Man kann sich sogar vor einer Pleite des Bauunternehmers absichern lassen, indem man von ihm eine Fertigstellungs- und Gewährleistungsbürgschaft verlangt, die mit ins Vertragswerk kommt und kostenfrei für Sie ist. Kommt es nun zu einer Firmenpleite, hat die bürgende Bank oder ihre Versicherung dafür zu sorgen, dass die Fertigstellung Ihres Hauses finanziell gedeckt bleibt und durchgezogen werden kann.

Abklopfen des Bauträgers

Im Baugewerbe hat man schnell seinen Ruf weg. Als Bauherr haben Sie ein Interesse daran, an einen Bauträger zu geraten, der ehrenhaft handelt, fair zu seinen Kunden ist und auch auf gesunden Beinen steht, um wenigstens für die Zeitdauer, während er Ihr Haus errichtet, nicht pleitezugehen. Völlige Sicherheit kann es natürlich nie geben. Es muss auch nicht die Schuld einer Firma sein, wenn sie untergeht. Es reicht schon, wenn andere ihre Rechnungen nicht bezahlen und sie mit ihren Ausgaben während des Wartens auf eintreffende Außenstände auf Grund läuft. Aber wenn häufiger Probleme mit einer Firma auftreten, wird das in der Branche oder gar in der Öffentlichkeit bekannt. Sie sollten die Ohren spitzen und Nachforschungen anstellen, wie sich Ihr erhoffter Bauträger in der Vergangenheit betragen hat. Frühere Projekte und frühere Kunden sind die Auskunftstellen dafür, aber auch Firmenregister, Branchenvereinigungen und andere Vertreter der Bauindustrie, die schon mit dieser Firma zu tun hatten. Die Größe der Firma lässt abschätzen, wie viele Probleme sie gleichzeitig verdauen kann, ohne gleich in die Knie zu gehen. Wenn sie viel mit Subunternehmern arbeitet, muss das nicht schlecht sein, eröffnet aber neue Risiken, da diese Subunternehmer unzuverlässig sein können und dann das Gesamtprojekt darunter leidet. Sie werden meist als die billigsten Anbieter auf eine Ausschreibung ausgesucht und versuchen daher selbst, an allen Ecken zu sparen und die erbrachte Leistung herabzusetzen, wo es nicht so offensichtlich ist, um ihren unvermeidbaren Dumpingpreis auf andere Weise wieder hereinzuholen. Die Kollegialität unter verschiedenen Subunternehmern, die für Ihren Bauträger arbeiten, lässt mitunter stark zu wünschen übrig. Ein zielorientiertes, teambetontes, vertrautes Zusammenarbeiten wie unter Bauarbeitern derselben Firma, die sich seit Jahren kennen, braucht man nicht zu erwarten, stattdessen wird nur auf das Abliefern des eigenen Gewerks in möglichst kurzer Zeit geschaut – das große Ganze interessiert niemanden. Zudem pflegen Versuche unter Sub- und Generalunternehmern, sich gegenseitig Mängel unterzuschieben und Nachlässe durchzudrücken, das Klima zu vergiften und die

Anfälligkeit des ganzen Projektes für Organisationsdefizite und Probleme zu erhöhen. Soll heißen, diese Preiskämpfe über die Substanz gehen am Ende auf Ihre Kosten, besonders wenn Sie davon nicht Wind kriegen.

Andererseits erlauben Dumpingpreise von Subunternehmern demselben Generalunternehmer, Ihrem Bauträger, Ihnen ein besonders günstiges Preisangebot zu machen – weswegen Sie ihn vielleicht ausgewählt hatten. Er hat seine Vertragspartner heruntergehandelt bis zur Schmerzgrenze, oft wird dabei ein billiger Anbieter einem qualitativ höherwertigem vorgezogen. Sie könnten also genauso gut von der Lage profitieren, wie Ihr Hausbauprojekt bei fehlender Kooperation und überhöhtem Zeitdruck der einzelnen Gewerke darunter leiden könnte. Da hier viele Personen beteiligt sind, die Sie unmöglich kennen und einschätzen können, ehe die Sache nicht am Laufen ist und Sie sie auf der Baustelle bei Ihren Besuchen bemerken, lässt sich nicht abschätzen, ob die Delegierung von Verantwortung und Abwälzung von Haftung nach unten und die gleichzeitige Kostenersparnis für Sie oder gegen Sie arbeitet.

Beschäftigt der Bauunternehmer keine Subunternehmer, sondern hat seine eigenen Leute für die anfallenden Gewerke, weiß er auch, mit wem er zu tun hat, und kann sich auf sie verlassen. Die Leute identifizieren sich mehr mit dieser Firma und sind eher bereit, für das gemeinsame Werk geradezustehen. Das ist natürlich gut für Ihr Haus, auch wenn es bedeuten könnte, dass es dadurch etwas teurer wird als mit Dumpinglöhnen für eine Belegschaft in Diensten von Subunternehmern, die sich ungelerntes Personal aus einem Land mit geringen Lohnerwartungen holen könnten, um überhaupt so tief stapeln zu können. Die Bau- und Gewerbeaufsicht führt aus genau diesem Grund Razzien auf Baustellen durch – wenn auch eher

Großbaustellen davon betroffen sind als Ihr überschaubares Projekt.

In der praktischen Durchführung macht es für Sie keinen Unterschied, wer wessen Boss auf der Baustelle ist, wenn Sie nur einen Bauleiter als Verantwortlichen vorfinden, der Ihnen Rede und Antwort stehen kann und den Überblick über alles behält.

Vertrag mit dem Bauträger abschließen

Nachdem Sie nun Ihre Erkundigungen über die diversen in Frage kommenden Bauunternehmen eingezogen, mit jedem verhandelt und von jedem einen Entwurf des Vertrags mit den aufgelisteten Bauleistungen nebst Preisen vor sich liegen haben, können Sie Ihre Auswahl unter den Kandidaten treffen. Vertrauen Sie nicht nur Zahlen, sondern hören Sie auch auf ein Bauchgefühl, wenn es sich vehement zu Wort meldet. Der Grund für diese Ahnung mag Ihnen noch nicht klar sein. Eine solide Entscheidung ist nicht möglich, ohne den Preis für das Grundstück zu kennen (selbst unabhängig vom Bauträger gekauft, oder von diesem mit gestellt). Wenn dann noch geklärt ist, ob der Bauträger die Entwässerung des Grundstücks übernimmt oder nicht, kann vernünftig kalkuliert werden und ein Zuschlag erfolgen. Bekommen Sie mit dem Hausbau das Grundstück von ihm, braucht es einen Notartermin, ansonsten ist es nur ein schriftlicher Vertrag zwischen Ihnen als Bauherrn und dem Bauunternehmen.

Es bleibt zu hoffen, dass Ihre Schlusskalkulation immer noch Luft lässt und nicht die erstbeste Überraschung an Ausgaben Sie handlungsunfähig machen wird.

Vertragswesen

Wir dürfen annehmen, dass Sie den Vertragsentwurf bereits durchgelesen haben, als es darum ging, ihn mit denen anderer möglicher Bauträger zu vergleichen. Wenn Sie aufmerksam waren und ein paar Fallen entdeckt haben, wurden diese vielleicht auf Ihre Beanstandung ihn geändert. Glückwunsch so weit. Es schadet aber nicht, nochmals jeden Punkt durchzugehen, für den Fall, dass etwas daran doch noch klammheimlich abgeändert worden ist. Keine Frage ist unangebracht, es sollte immer alles gefragt werden können, denn es geht letztendlich um Ihr Geld. Dazu müssen Sie sich nicht unter Druck setzen lassen und alles dem Bauunternehmer gegenübersitzend in zehn Minuten prüfen und gleich unterschreiben. Besser ist, sich den Vertrag mitgeben zu lassen, ihn zuhause in aller Ruhe durchzusehen und sich noch offene Fragen zu notieren, die man beim nächsten Besuch ansprechen sollte, ehe man wirklich unterschreibt.

Neben den Schilderungen, was bis in die letzte Einzelheit vom Bauträger zu erstellen ist, sind im Vertrag Rahmentermine zu nennen: Baubeginn und, soweit sich das voraussagen lässt, geplante Abschnitte des Bauprozesses, wie etwa Fertigstellung des Fundaments, der Kellerdecke, der Geschossdecke des Erdgeschosses, wann das Errichten des Dachstuhles stattfindet und so weiter. Diese terminlichen Einzelheiten fließen vor der Ausführung ein in den Bauzeitenplan, wo sie grafisch dargestellt werden. Der Bauzeitenplan ist wichtig für die Koordination der einzelnen Gewerke und nicht wirklich Ihr Problem; ihn muss der Bauleiter im Blick behalten. Über den Bauzeitenplan des Bauleiters hinaus mögen Sie auch einen privaten Zeitplan aufsetzen und führen, der zusätzliche Termine enthält, die Sie selbst angehen, aber nicht den Bauleiter, zum Beispiel Fragen Ihres Grundstückkaufs, Behördengespräche, Notartermine, Zusage des Bankenkredits, Ihre Eigenleistungen und zuletzt die Umzugsvorbereitungen bei Erreichen der Fertigstellung; und so weiter.

Sie haben sich daneben eine Liste der wichtigen Ansprechpartner erstellt, um sich gleich an den Richtigen wenden zu können, wenn etwas initiiert, kontrolliert oder gestoppt werden muss. Mit dem Bauträger klären Sie ab, welche davon dieser kontaktiert und betreut, während Sie sich ganz sicher mit Ihrer Bank, dem Notar und dem Architekten, falls bei einem frei entworfenen Haus außerhalb des Bauunternehmens vorhanden, auseinandersetzen müssen. Lassen Sie sich vom Bauträger erzählen, welche Ansprechpartner er adressiert, damit es weder zu Unterlassungen noch zu Doppelanfragen kommt.

- Bank
  Ihr Gegenüber bei der Bank, die Person, die Ihr Finanzierungsgesuch bearbeitet.

- Bauordnungsamt / Bauamt / Vermessungsamt
  Sachbearbeiter, die Auskünfte zum Bebauungsplan geben können. Sachbearbeiter, die Ihre Baugenehmigung erteilen. In kleineren Gemeinden wohl identisch mit dem Tiefbauamt (siehe unten). Der Katasterauszug, wie er für den Bauantrag gebraucht wird, wird hier auch zu bekommen sein. Die Bezeichnungen für Ämter sind bundesweit nicht einheitlich, um Fragen nach Zuständigkeiten kommen Sie also nicht herum, bis Sie die richtigen Telefonnummern haben oder vor den richtigen Zimmern des Rathauses stehen.

- Bauträger
  Mehr oder weniger Ihr Hauptansprechpartner.

- Notar
  Für urkundliche Handlungen rund um Grundstückserwerb und Eintragung von Hypotheken. Die Bank wird hier auch direkt mit dem Notar in Kontakt treten, was die Hypothek angeht. Wenn Sie dort zur Urkundenunterzeichnung eintreffen, ist wohl schon alles zwischen Bank und Notar vorbereitet, ohne dass Sie persönlich etwas tun müssten. Aber kontrollieren dürfen Sie immer, ehe Sie sich festlegen.

- Architekt
  Falls ein unabhängiger Architekt involviert ist, der nicht identisch mit dem Bauträger ist oder untergeordnet für diesen arbeitet, haben Sie mit ihm zu tun in allen Fragen der Hausplanung. Auch er kann Ihnen Kontakte mit anderen Beteiligten abnehmen, was mit ihm zu klären wäre. Manche Häuser, besonders im Fertighaussegment, sind jedoch keine individuellen Architektenleistungen, sondern bewährte Modelle aus der Schublade des Bauunternehmens (oder Herstellers), weshalb dann auch kein Architekt auftritt. Der Bauleiter ist jedoch entweder ein Architekt oder ein Bauingenieur, wegen der für diesen Beruf unabdingbaren Fachkenntnisse und Befugnisse. Nur studierte Architekten oder Bauingenieure, die in ihren jeweiligen Kammern eingetragen sind, besitzen eine Bauvorlageberechtigung für die Einbringung eines Bauantrags auf den Ämtern. Ob sie freischaffend oder bei Ihrem Bauträger angestellt sind, spielt dabei keine Rolle.

- Wasserwerk und/oder Tiefbauamt
  Ein Mitarbeiter, der für Genehmigungen von Anschlussanträgen zuständig ist. Entwässerungsanträge werden wohl auch auf seinem Tisch landen und die Abnahme der Leitungen wird durch ihn erfolgen. Das geschieht bis zur Fertigstellung eines Revisions- und Einleitungsschachtes auf Ihrem Grundstück oder über die bereits beim Bau der Straße verlegten Leitungsabgänge. Arbeiten auf öffentlichen Straßen sind deren Angelegenheit.

- Lokaler Stromanbieter und/oder Elektrofachbetrieb
  Das kann neben regional auftretenden Stromkonzernen auch die Gemeinde mit ihrem E-Werk sein, die für den Anschluss an das elektrische Versorgungsnetz in Ihrer Straße zuständig ist. Ist ein regulärer Übergabepunkt (Stromkasten) bereits auf dem Grundstück, braucht es einen Elektrofachbetrieb, um von dort ins Haus den Anschluss herzustellen, bis zum Zählerkasten. Ab da ist nur der Elektriker zuständig, bei schlüsselfertigem Bauen wird der Bauträger ihn bereitstellen.

- Telefonanbieter
  Für die Herstellung eines Anschlusses von Kommunikationsanlagen, Festnetztelefon und Internet. Je nach örtlicher Versorgungslage Glasfaserleitungen oder herkömmliche Kabel. Dies ist nicht unbedingt mit dem Hausbau verknüpft und kann auch viel später angegangen werden.

- Bezirksschornsteinfeger
  Ansprechpartner für die Planung und Abnahme von Feuerungsanlagen.

- Bausachverständige
  Je nachdem, was Sie einer Prüfung unterziehen wollen und weshalb. Ein Prüfstatiker fällt auch unter die Bausachverständigen, die Sie vor allem brauchen werden, wenn es um Streitereien um Mängel und deren Beseitigung durch den Bauträger geht, um eine unabhängige fachkundige Stimme zur Untermauerung Ihrer Position hereinzuholen.

Die Trumpfkarte: eine eigene Bauausschreibung

Konnten Sie während des Einholens von Leistungsverzeichnissen und Bauleistungen aus der Hand diverser Bauunternehmer schon genug Kenntnisse erlangen für eine ideale Bauausschreibung, dann basteln Sie sich doch eine solche aus dem gesammelten Material! Sie sind damit nicht länger auf die spezifischen Aufstellungen der Kandidaten angewiesen, sondern lassen sie Ihre Ausschreibung annehmen oder ablehnen; mit allem, was Sie aufgesetzt haben. Denn mit dem perfektionierten Material in Ihrer Bauausschreibung haben Sie (hoffentlich) alle Fallstricke entfernt, die man Ihnen auslegen könnte, um Ihnen später Extrakosten abzuluchsen. Interessierte Bauträger-Kandidaten können nun Ihr preisliches Angebot auf Ihre Bauausschreibung abgeben oder es bleiben lassen. Vielleicht wird auch jemand wütend, weil er um eine Gelegenheit gebracht wurde, Tricks auszuspielen, die früher so gut funktioniert hatten. Das ist nicht Ihr Problem. Seien Sie froh, wenn über dieses Verfahren ein Kandidat wegfällt, mit dem Sie voraussichtlich Scherereien gehabt hätten und dem man getrost halbseidene Geschäftsgebaren unterstellen kann.

Sind Sie sich vor der Unterschrift noch unsicher, könnten Sie einen auf Baurecht spezialisierten Anwalt einspannen, der das Vertragswerk durchliest und auf Unbedenklichkeit überprüft, wenn Sie keinen Baubegleiter aus der Branche damit beauftragen können oder wollen.

Ist Ihr Kandidat mit der sauberen Ausschreibung aus Ihrer Hand zufrieden, oder Sie mit seinem modifizierten Sammelsurium an Bauleistungen, und hat man sich auf einen Komplettpreis dafür verständigt, besiegeln Sie Ihre Zukunft mit einer Unterschrift unter dem Vertrag.

Liste der bekanntesten Tricks im Bauträgervertrag:

Die Makler- und Bauträgerverordnung MaBV ist die Grundlage für die Abwicklung einer Eigentumsbeschaffung durch den Bauträger an Sie als Käufer. Auf folgende Formulierungen sollten Sie achten und auf Ihre Abänderung oder Streichung bestehen (oder Sie vergeben keinen Auftrag):

(1) Sie werden zwar schon früh angehalten, Zahlungen zu leisten, aber erst mit Ende des Bauprojektes werden Sie Hauseigentümer (im Fall, dass Sie Grundstück und Haus von ihm erwerben). →Machen Sie keine Vertragsurkunde beim Notar, falls der Bauträger nicht als Eigentümer des zu verwendenden Baugrundstücks eingetragen ist und noch keine Baugenehmigung vorhanden ist.

(2) Die Bank, die den Bauträger finanziert, lässt eine Grundschuld für die Finanzierung des Projektes eintragen. Jedoch

muss der Käufer ein Eigentum an Grundstück und Haus haben, das lastenfrei ist. → Achten Sie darauf, dass bei Vertragsabschluss die Bauträgerbank die Auflage erhält, das Grundstück freizustellen aus der Grundschuld des Bauträgers – Lastenfreistellung genannt.

(3) Achten Sie darauf, dass Ihre Zahlungen an ein Konto der Bank gehen, die den Bauträger finanziert, und nicht an dessen eigenes Geschäftskonto. → Empfänger prüfen.

(4) Es gibt da für den Bauträger die Möglichkeit, im Notarvertrag Vorauszahlungen des Käufers zu verlangen, ehe eine Bauträgerbürgschaft übergeben wird. Diese Bürgschaft sichert Sie aber nicht ab gegen Verzugsschäden bei verschleppter Projektfertigstellung und macht keine Einbehaltung von Raten im Fall von monierten Baumängeln möglich. → Holen Sie sich dazu den Rat eines Anwalts und lassen Sie die Bürgschaftsurkunde überprüfen.

(5) Die erste Rate des Zahlungsplans ist erst einzufordern, wenn Ihre Rechte durch eine Auflassungsvormerkung im Grundbuch eingetragen stehen. → Zahlen Sie keinesfalls früher.

(6) Sonderwünsche sind Kostenfallen, nachdem der Bauträgervertrag schon unterschrieben ist. Und Vorauszahlungen dafür haben ein hohes Risiko. → Machen Sie also keine Sonderwünsche über die hinaus, die im Bauträgervertrag als inklusive fixiert werden.

(7) Sie könnten benachteiligt werden durch eine Einschränkung Ihrer Rechte im Fall von Bemängelungen bzw. das Verlangen von Nachbesserungen. → Achten Sie darauf, dass Sie auch die anderen Rechte wahrnehmen können, falls nötig. Das sind Schadensersatz, Rücktritt und Minderung.

(8) Es gibt Bauträger, die gern einen Verwalter auf fünf Folgejahre für Wohneigentum einsetzen, um von diesem seine

Interessen Ihnen gegenüber durchsetzen zu lassen. Dies ist allerdings typischer für Eigentumswohnungen. → Lassen Sie die Dauer dieser Zuständigkeit heruntersetzen auf maximal ein bis zwei Jahre. Beim Eigenheim ist das komplett unnötig.

(9) Der Bauträger lässt sich einseitige Rechte für die Leistungsbestimmung einräumen. Das gestattet Abänderungen des Leistungsumfangs nach seinem Geschmack. → Lehnen Sie das ab.

(10) Der Bauträger vermeidet verbindliche Fristen für die Vertragspunkte. → Bestehen Sie darauf, dass Fristen eingesetzt werden, damit keine Verschleppung möglich ist, die Nachteile für Sie bringt. Und die Vertragsstrafe muss ebenso definiert sein.

(11) Eine andere Form der Bauabnahme als eine förmliche Abnahme vor Ort auf der Baustelle, bei Anwesenheit beider Parteien, sollte nicht vorgesehen werden. → Sorgen Sie dafür, dass genau das im Vertrag festgelegt wird und andere Formen der Abnahme ausgeschlossen werden.

(12) Der Bauträger könnte sich ein Hausrecht bis zur Übergabe zusichern lassen, um zu verhindern, dass unangekündigte Kontrollbesuche auf der Baustelle vorgenommen werden oder Sie einen ihm nicht genehmen Sachverständigen dorthin mitbringen. Denn rechtlich gesehen könnten Sie dann Hausfriedensbruch durch Ihr „Eindringen" begehen, obwohl Sie doch eigentlich der Eigentümer sind/sein werden. → Lassen Sie sich ein Recht schriftlich geben, wonach Sie das Baugrundstück mit einem Sachverständigen Ihrer Wahl, falls nötig, jederzeit besichtigen dürfen.

(13) Nach welcher Verordnung setzt der Bauträger die Wohnraum- und Nutzflächengrößen fest? Es gibt drei Möglichkeiten: nach Wohnflächenverordnung WoflV, nach

DIN-Norm 277 „Grundflächen und Rauminhalte von Bauwerken im Hochbau“ oder nach der alten DIN 283 für die Wohnflächenberechnung. Sie liefern unterschiedliche Ergebnisse. Beliebt unter Bauträgern ist die DIN 277, weil sie zu höheren Nutzflächenzahlen führt, durch Unterschiede in der Bewertung von Dachschrägen, Treppen, Terrassen und dergleichen. → Bestehen Sie auf der Anwendung der WoflV.

(14) Der Bauträger könnte als Teil seines Service einen Architekten empfehlen, dessen Kosten schon enthalten sein sollen. Doch diese können sich beim näheren Hinschauen lediglich auf die Phasen 1 bis 4 (von 9) der HOAI (Honorarordnung für Architekten- und Ingenieurleistungen) beziehen. Das heißt, für die anderen Leistungsphasen ab 5 zahlen Sie extra. → Lassen Sie sich die Kosten für den Architekten gutschreiben und wählen Sie besser einen unabhängigen statt denjenigen, der dem Bauträger verpflichtet ist (Objektivität sieht anders aus). Dieser könnte auch gleich die Bauüberwachung für Sie ausüben.

Bauvorgespräche

Sie haben noch viel mit Ihrem Bauträger zu besprechen. Noch bevor jemand ausrückt und die Einmessung vornimmt, muss geklärt sein, wie das Haus auf dem Grundstück positioniert wird, innerhalb der Vorgaben des Bebauungsplans. Mehr Vorgarten oder weniger? Plätze zum Parken vor der Garage, aber schon auf dem Grundstück? Selbst die Ausrichtung nach der Sonne ist nicht uninteressant, denn auf der Südseite gibt es mehr Sonneneinstrahlung und muss weniger geheizt werden, ganz zu schweigen von einem Behaglichkeitsgewinn für eine hierauf ausgerichtete Terrasse. Womöglich gibt es in dieser Grundstückslage vorherrschende Winde von einer Seite, die mit Regen durchsetzt für Durchfeuchtungen sorgen könnten? Wie steht es mit der umgebenden Bebauung, würden Sie sich wünschen, einen uneinsehbaren Außenbereich einzurichten? Reicht vielleicht eine spätere Bepflanzung, um diese Privatsphäre zu erzeugen, oder muss durch die Ausrichtung des Gebäudes darauf eingegangen werden?

Die Planung muss bereits wissen, wo die diversen Anschlüsse im Haus gebraucht werden, denn von den Grundstücksanschlüssen muss dorthin geleitet werden, tunlichst lange bevor der Beton für die Fundamentplatte ausgeschüttet wird. Die Fundamente nehmen schon Rohrleitungen unter sich und aufsteigende Endrohre in sich auf. Nicht an beliebiger Stelle, sondern dort, wo sie von der Planung verlangt werden, etwa das Sammelrohr für alle Abwässer, die Abgänge für die Toiletten, die Starkstromleitung dorthin, wo der E-Herd stehen wird. Würde da falsch vorgeplant werden oder massive Änderungen würden nötig, müsste eine bereits gegossene Bodenplatte für teures Geld wieder aufgeschnitten und aufgebrochen werden, um nachträglich einen Schacht unterzubringen. Ganz zu schweigen von einem horizontalen Rohrstrang. Wegen des innenliegenden Bewehrungsstahls kann man die Betonplatte nicht nach Belieben wieder auffräsen, ohne die Statik zu beeinträchtigen. Die Abwassersammelleitung hin zum Übergabepunkt der Kommune muss ein Gefälle haben, was die Planung von Einspeisesträngen durch die Fundamentplatte nicht zu einem beliebigen Ding macht. Was oberhalb des Fundaments später noch geändert werden soll, ist weniger tragisch.

Das ist die Phase, wo sich ein Architekt als Partner bezahlt macht. Er entwirft Ihr Haus (so es ein frei konstruiertes Massivhaus ist und kein Fertighaus oder Fertigteilhaus, wo mit vordefinierten Teilen jongliert werden muss) und zeichnet es nach Ihren artikulierten Wünschen. Er sollte Ihnen Alternativen benennen können und Sie eine Auswahl treffen lassen, wo es geht. Und Ihnen natürlich sagen können, was die günstigste, was die reguläre und was die aufwändigste Lösung für ein konkretes Problem auf dem Zeichentisch wäre.

Ein Bauvorgespräch kann vor Ort auf der Baustelle stattfinden sowie bei der Gelegenheit mit dem Aufmaß verbunden werden. Örtliche Besonderheiten können festgehalten und im Gesprächsprotokoll notiert werden. Überhaupt sind Protokolle für Bauvorgespräche sinnvoll, damit später klar bleibt, was gesagt und vereinbart wurde. Sie diskutieren mit Architekt und Bauunternehmer, welche Eigenleistungen Sie einbringen können und möchten, falls überhaupt welche. Aus der Sicht der Fachleute werden Ihnen Gelegenheiten dafür benannt, auf die Sie vielleicht selbst nicht gekommen wären.

Wärmedämmung, Energieeinsparung, Nutzung erneuerbarer Energien, die Möglichkeiten von Förderungen dazu – das sind alles Dinge, die in Bauvorgesprächen thematisiert werden könnten.

Für Förderungen von Staat und Land auf energietechnischem Gebiet sind dann wieder deren Bedingungen zu beachten und einzukalkulieren. Vom Architekten darf man erwarten, dass er diese kennt und Ihnen erklären kann.

Es ist klar, dass Bauvorgespräche in dem Sinne „Vor"-Gespräche sind, dass Vertragsbedingungen noch nicht fixiert sind und folglich der Bauauftrag auch noch nicht mit Vertrag besiegelt sein kann. Mit der Bestimmung von Eigenleistungen und der Überlassung anderer Bereiche an den Bauträger ist ja zu der Zeit noch nicht sicher, was in den Vertrag gehört und was nicht.

Wer trägt die Erschließungskosten des Grundstücks? Wer betreibt die Bereitstellung von Strom, Gas, Wasser, Kommunikationsanlagen? Gibt es einen möglichen Fernwärmeanschluss, womit eine eigene Feuerungsanlage unnötig würde, und wer besorgt diesen?

Ist das Bodengutachten, der Wärmebedarfsnachweis, der Schallschutznachweis im Leistungsverzeichnis des Bauträgers enthalten? Bekommen Sie eine Wohnflächenberechnung?

In dem Zusammenhang werden Sie mit Plänen in unterschiedlichstem Entwicklungsstadium konfrontiert. Um diese zu verstehen und lesen zu können, brauchen Sie Grundkenntnisse in Bauplanzeichnung.

Baupläne richtig lesen

Pläne gibt es in ihrer häufigsten Form als Grundrisse in einer Höhe von einem Meter über Grund oder Etage, was Wände als schraffierte Flächen durchschneidet und nicht sichtbare Linien (unter dem Material oder auch über der Höhenlinie) auf mehr als eine Art gestrichelt enthalten kann. Daneben gibt es Querschnitte, die um 90 Grad versetzt vertikal durch den Baukörper schneiden und darum geeignet sind, Dinge in der Höhenanordnung und auch mehrere Etagen gleichzeitig zu zeigen. Ihre Position wird auf dem zugrundeliegenden Grundriss mit einer Strichpunktlinie angezeigt und an den Enden mit Großbuchstaben oder römischen Ziffern gekennzeichnet (z. B. Schnitt A-A). Die Blickrichtung muss auch klar sein. Weiter gibt es Außenansichten zu Gebäuden, in denen nichts geschnitten wird, und Detailzeichnungen zu konstruktiv interessanten, weil komplizierten Brennpunkten. In der Planlegende sollten Erklärungen zu den Zeichensymbolen stehen. Dort finden Sie auch den verwendeten Maßstab. Häufig sind Baupläne in 1 : 100 ausgeführt, Vorentwurfspläne haben noch 1 : 200 und Übersichtspläne werden mit 1 : 500 oder 1 : 1000 noch kleinteiliger, um alles auf einem Grundstück dargestellt unterbringen zu können. Je schwieriger eine konstruktive Lösung, desto näher ran führt der Zoom des Maßstabs. Dies wären dann Werkpläne zwischen 1 : 100, 1 : 50 bis hinunter auf 1 : 1. Spezielle Pläne wie solche zu Bewehrungen und Schalungen werden Ihnen kaum begegnen und sind nur interessant für berechnende Statiker und die ausführenden Fachkräfte.

Maßlinien versucht man nach Möglichkeit außerhalb des Bildes unterzubringen, sie werden hintereinander gestaffelt, um gleich mehrere Situationen mit Maßen wiedergeben zu können. Wenn also am Rand drei Maßlinien zu finden sind, dann ist die erste zugehörig zur nächstgelegenen Abstandssituation, parallel dazu; die zweite beschreibt eine mittlere, nächstgelegene Abstandssituation und die äußerste Maßlinie beschreibt Abstände in größerer Entfernung, bis zur Planmitte. Am gegenüberliegenden Rand liegen dann Maßlinien mit Bezug auf die andere Planhälfte. Öffnungen wie Fenster und Türen enthalten eine zweite Zahl unterhalb der ersten, die ihre lichte Höhe angeben. Die merkwürdig ungeraden Werte sind DIN-Größen geschuldet. Türen werden mit dem Türblatt geöffnet und einem Bogen zum Anschlag dieses Türblatts dargestellt. So erkennt man die Öffnungsrichtung.

Komplizierter ist die Darstellung von Treppen, auf denen mittig ein Pfeil zu sehen ist, der der Laufrichtung nach oben folgt. Wegen der Grundriss-Schnittlinie auf einem gedachten Meter Höhe kann unmöglich der ganze Treppenverlauf dieser Etage abgebildet werden, weshalb die folgenden Stufen alle gestrichelt dargestellt werden. Sie liegen also hinter dem nach unten blickenden Betrachter.

Die Schraffierungsart der im Grundriss geschnittenen Mauern gibt Aufschluss über die Materialart. So wird Beton üblicherweise in abwechselnd diagonal durchgezogenen und gestrichelten Linien, oder in Gitterschraffur, als bewehrt ausgeführt gekennzeichnet. Ohne Eisen im Innern wäre die Fläche lediglich quer gestrichelt. Dämmstoffe sind dagegen als bauchige Wellenlinien zu erkennen. Kalkstein und Ziegelstein haben gegenläufige, nicht gestrichelte Schrägschraffuren zu ihrer Unterscheidung. Ein guter Plan sollte sie alle in seiner Legende spezifizieren. Die DIN sammelt sie allgemeingültig.

Baupläne sind Rohbaupläne, das heißt, für den Endzustand und die sich ergebenden Fertigmaße muss man dazukommenden Verputz und Verkleidung abziehen.

Kleine, auf der Spitze stehende Dreiecke und Zahlen daneben oder darüber beschreiben Höhen in Relation zu einer Grundhöhe, etwa zur Beschreibung von Isolierung und Estrichdicken über einer Geschossdecke, oder als umgedrehtes Dreieck zu etwas, das sich unterhalb einer ausgewiesenen Fläche befindet. Ausgefüllt gelten sie für die Rohkonstruktion und unausgefüllt für die Fertigkonstruktion, mit dem gesamten Boden bzw. Deckenaufbau.

Was die zahllosen Abkürzungen angeht, die hier durchzusprechen jeden Rahmen sprengen müsste, schauen Sie auf dieser Seite[2] nach, ob Sie fündig werden zu einem Kürzel, das Sie auf Ihrem Plan nicht deuten können.

Beim frei geplanten Haus können Sie sich am meisten mit Ihren Wünschen einbringen, aber vertrauen Sie auch auf das Fachwissen der Ingenieure. Wenn eine Mauer so dick sein muss, um die Geschossdecke tragen zu können, dann muss das so sein und ist nicht nur ein belangloser Einfall, um die Kosten nach oben zu treiben und Ihnen mehr abzuverlangen. Es gibt konstruktive Notwendigkeiten. Lassen Sie sich erklären, wieso die eine Sache so sein muss und die andere Sache so. Akzeptieren Sie die professionelle Kompetenz Ihres Gegenübers. Bauherr zu sein bedeutet nicht, die Gesetze der Physik umwerfen zu können und gegen DIN-Normen verstoßen zu dürfen. Die sind aus gutem Grund da. Baugenehmigungen werden ohnehin nur vergeben, wenn die Baubehörde darauf vertrauen kann, dass das Gebäude kein fatales Sicherheitsrisiko werden wird, weil jemand darin nach Gusto hat pfuschen dürfen.

Was Wünsche zur Raumanordnung, die Größe von Kinderzimmern und so weiter angeht, so haben Sie natürlich alles Recht der Welt, das zu verlangen, was Sie haben wollen. Und wenn Architekt oder Bauträger nicht auf Anhieb eine planerische Lösung anbieten können, dann lassen Sie sich nicht abspeisen, sondern bleiben hartnäckig, so lange Sie noch Spielraum für Nachverhandlungen und die Adaptierung des Plans nach Ihren Wünschen sehen. Gibt es aber sachliche Argumente dagegen, dann fügen Sie sich den Sachzwängen, wo es nicht anders geht. Auch wenn Sie meinen könnten, man wolle Ihnen nur etwas verkaufen, um mehr Geld zu machen, könnte der verwendete sachliche Grund

2 https://www.code-knacker.de/bauplanzeichen.htm

stichhaltig sein – dann führt kein Weg daran vorbei. Zu langes Herumdoktern an den Plänen führt nur zu einer Verzögerung des Projektes, was wiederum Zeit und Geld kostet. Bremsen Sie es nicht aus.

Für Familienhäuser gibt es etablierte Standardlösungen für die Raumanordnung, die vielleicht niemanden vom Hocker reißen, sich aber einfach bewährt haben und praktisch im Alltag sind. Über mehr als eine Etage pflegen sich die Grundrisse von Erdgeschoss und Obergeschoss oft zu wiederholen oder zumindest zu ähneln. Räume, die am selben Rohrnetzwerk angeschlossen werden, liegen zweckmäßigerweise genau übereinander. Da denken wir an Bäder und bei zwei Wohneinheiten für zwei Generationen auch an zwei Küchen übereinander. Das spart Rohrverlegung ebenso wie deren bauliche Nähe zueinander, da beide Abwasser abzuführen haben und Frischwasser beziehen. Tragende und darum dickere Wände aus dem Entwurf, und nachdem der Statiker sein Okay gegeben hat, können schwerlich planerisch umgesetzt werden, schon weil andere tragende Mauern der nächsten Etage auf ihnen aufzulasten pflegen.

Treppen liegen idealerweise so, dass sie für möglichst viele Bewohner rasch erreichbar sind und Wege kürzen. Das ist interessant für eine Notsituation, etwa wenn es brennt und jeder schnell nach draußen flüchten muss. In Zwei- und mehr Familienhäusern liegen Treppen fast immer im Bereich hinter der Haustür, um den gemeinsamen Hausflur so klein wie möglich zu halten, während größere Treppenhäuser und Flure zu Lasten des Wohnraums gingen. Beliebt ist, durch verglaste Haustüren oder deren verglasten Seitenteile alles mögliche Licht ins Treppenhaus und den Flur zu bringen. Viel Glasfläche bedeutet auf die Dauer Energieersparung durch weniger Kunstlichtbeleuchtung über den Tag. Und großzügige Fenstermaße sind in Wohnräumen ohnehin die beste Empfehlung für viel Licht und Sonne. Drei- bis vierfache Verglasungen und Dämmstoffe in den Profilen lassen dabei die geringsten Wärmeverluste erwarten. Wenn nicht das Tageslicht unsere Wohnqualität anhebt, dann große exotische Grünpflanzen, die das ganze Jahr über innen hinter einer Glasfront aufgestellt bleiben können. Ein Wintergarten ist die Steigerung dessen und befindet sich zumeist dem Wohnzimmer oder Esszimmer vorgeschaltet. Eine ehemals als Terrasse geplante Freifläche kann auch nachträglich durch Verglasung in einen Wintergarten verwandelt werden, ihr Nutzwert wird damit über das ganze Jahr durch die Beheizbarkeit gesteigert. Steht sie leer und wird nicht benutzt, muss sie auch nicht beheizt werden und verursacht dann keine Kosten.

Der Raum, der in Ihrer Familie traditionell der gemeinschaftlich genutzte Versammlungsraum ist, kann ruhig besondere Aufmerksamkeit in seiner Auslegung erfahren, schließlich wird man hier die meiste Zeit mit den anderen verbringen und möchte einen großzügigen Rahmen dafür haben. Für manche ist das eine große Küche mit Sitzbereich, andere kommen wohl lieber in einem bürgerlich-klassischen Wohnzimmer zusammen. In einer Familie, die eher eine Zweckgemeinschaft ist und wo jeder sein eigenes Süppchen kocht, kommt wohl mit weniger Achtsamkeit auf solche Räume aus; die Planung kann hier die einzelnen Schlafzimmer ihrer Mitglieder größer dimensionieren zu Lasten von Gemeinschaftsräumen. Bedenken Sie aber, dass eine eher konventionelle Raumaufteilung die Weiterverkaufschancen des Hauses erhöhen wird, gegenüber einer gewöhnungsbedürftigen exotischen Raumanordnung, die außer Ihnen niemandem so recht gefallen will.

Das richtige Grundstück finden

Entweder Sie steuern selbst ein Grundstück bei, das Sie bereits gekauft haben oder zumindest in das Gesamtprojekt integrieren wollen, oder Sie bekommen von einem Bauträger ein Grundstück gestellt. Kann er das, wird er vom gewöhnlichen Bauunternehmer zum Bauträger geadelt, wie wir schon herausgestellt haben. Das ist bequem, grenzt aber Ihre Auswahlmöglichkeiten ein, erst recht, wenn damit die Vorgabe verknüpft wird, auch nur mit diesem Bauträger zu bauen und nicht mit einem anderen. Das ist eine schwache Verhandlungsposition, um eventuell im Vertrag ausgelegte Fallstricke entfernen zu lassen. Aber diese muss es ja nicht geben.

In stärkerer Position befinden Sie sich, wenn Sie das Baugrundstück mitbringen, womit sich Planer und Bauunternehmer zu beschäftigen haben werden, um Ihr Traumhaus darauf wahr zu machen.

Schauen wir in diesem Kapitel, wie Sie zu Ihrem optimalen Grundstück kommen. Die Quellen für Verkaufsangebote sind Makler, regionale Zeitungen und Immobilien-Handelsplattformen im Internet. Seltener, aber ziemlich günstig, sind Versteigerungen bei Amtsgerichten. Zwangsversteigerungen haben aber eine bittere Note; die Grundstücke könnten belastet sein mit Altlasten oder Ruinen, vermüllt und was sonst die Begleitumstände eines zerbrochenen Konzepts des Vorbesitzers sind. Der enteignete Besitzer könnte alles andere als kooperativ sein und Schwierigkeiten machen.

Grundstücke vom Makler, egal ob in seinem Büro aus dem Katalog gefischt oder durch eine von ihm geschaltete Anzeige gefunden, machen bei Kauf eine Provision an denselben nötig, die in vielen Bundesländern 3,57 % des Preises ausmacht. In den Stadtstaaten und den Flächenstaaten Hessen und Brandenburg sind es zwischen 5,96 und 7,14 %, zahlbar durch den Käufer. Diese Courtage fällt nicht bei Käufen aus privater Hand ohne Vermittlung an. Diese Regelungen sind nicht bindend: Ein Makler kann stattdessen eine Festprovision festlegen. Bei Grundstücken von geringem Wert ist es möglich, dass der Makler gleich 10 % vom Kaufpreis sehen möchte, weil er meint, sonst zu wenig zu verdienen. Sie können nichts dagegen tun, außer dankend abzulehnen, wenn Sie damit nicht einverstanden sind.

Was aber immer unabhängig von der Handelsplattform oder dem Vermittler auf Sie zukommt, sind die Grunderwerbssteuer und ein Gang zum Notar für die Umschreibung im Grundbuch. Diese Steuer ist seit 2006 frei bestimmbare Ländersache und darum verschieden hoch angesetzt; in Bayern und Sachsen ist sie mit 3,5 % unverändert geblieben – alle anderen Bundesländer haben den Grunderwerbssteuersatz teils in mehreren Schritten seitdem sukzessive erhöht. Der höchste Satz liegt derzeit bei 6,5 %.

Da Grundstücke mit eingetragenen Lasten, Wegerecht oder Vorverkaufsrecht beschwert sein können, sollten Sie sich einen Auszug aus dem Grundbuchamt zeigen lassen. Vor einem Verkauf müssen Hypotheken abgegolten werden, damit Sie ein unbelastetes Grundstück übernehmen können. Es wird ja wahrscheinlich wieder für einen Hypothekenkredit belastet werden. Der Notar achtet geschäftsmäßig während des Umschreibeprozesses darauf, dass diese Dinge konfliktfrei abgewickelt werden.

Es interessiert Sie weiter der Bebauungsplan Ihrer Gemeinde, in dessen Gültigkeitsbereich sich das Grundstück befindet. Sie möchten ja ein Grundstück, auf der Ihre Vision eines Traumhauses realisiert werden kann. Dafür muss das Grundstück geeignet sein. Besonderheiten, die der von der Gemeinde angestrebten Homogenität der Umgebung geschuldet sind, können Abänderungen an Ihren Wünschen oder einem bereits in Arbeit befindlichen Entwurfsplan nötig machen.

Machen Sie sich auch Gedanken um die Vorgeschichte und den derzeitigen Zustand Ihres Wunschgrundstücks. Was war hier früher vorhanden? Oder ist da noch eine Ruine, die abgetragen werden muss? Kann man daraus Rückschlüsse auf den Zustand des Baugrunds ziehen (siehe Kontamination)? Wie ist die soziale Umgebung des Grundstücks geprägt? Möchten Sie hier täglich aus dem Fenster sehen, finden Sie die Nachbarn sympathisch oder kündigt sich bereits eine dunkle Wolke künftiger Psychokriege an? Kein schönes Grundstück ist es wert, in eine Nachbarschaft zu geraten, die Ihnen das Leben zum Albtraum machen wird. Das könnte ein Zermürbungskonflikt werden. Passen Sie und die Leute ringsum zusammen? Wie deren Behausungen aussehen, gibt natürlich auch schon Einblicke in ihre Wesensart, ohne dass Sie wirklich an jeder Haustür klingeln müssen, um sich die Anwohner anzuschauen. Das wird wohl kaum jemand machen, ließe Sie das doch eher merkwürdig und sehr argwöhnisch aussehen. Kein guter Einstand.

Machen Sie sich Gedanken, wie es voraussichtlich mit der Wertentwicklung dieses Grundstückes und des Hauses weitergehen wird, sofern sich das für die Umgebung anstellen lässt. Ist das Viertel sichtbar in einer Abwärtsspirale oder geht es eher aufwärts? Das wird auf Ihre Investition Auswirkungen haben, ob Sie wollen oder nicht. Ist die Lage erstrebenswert für Leute, die in der nächsten Stadt arbeiten – und dort schließt nicht gerade ein großes Werk? Dann könnte das Haus, sollten Sie es mal verkaufen wollen, einen Gewinn abwerfen. Im „Speckgürtel" einer nicht schrumpfenden Stadt zu bauen, der es ökonomisch gut geht, ist sicher die beste Empfehlung für den Blick auf Werterhalt.

Haben Sie das optimale Baugrundstück ausfindig gemacht, lassen Sie es sich unbedingt reservieren, damit es Ihnen kein anderer wegschnappt. Ja, Sie sagen verbindlich zu. Dann besorgen Sie sich umgehend das Darlehen für den Kauf.

Wo möchte ich wohnen?

Sie kennen sicher den Begriff „Schlafvorstadt" oder eben „Speckgürtel", spätestens seit vorangegangenem Abschnitt dieses Buches. Das sind scherzhafte Ausdrücke für die Randgebiete eines urbanen Zentrums mit Wohnvierteln, von wo Pendler zur Arbeit in die Stadt und dann wieder nach Hause fahren. Dort ist darum tagsüber wenig los und abends kehrt Leben in die Straßen ein. Wenigstens in den Familien, wo die Brötchenverdiener noch einen klassisch regulären Werktagsjob mit festen Zeiten ausüben. Solche Gegenden haben den Ruf, ziemlich reizlos zu sein und kein eigenes Gesicht zu besitzen. Die Preise unterdessen pflegen dort wegen der Tendenz zu weniger Anonymität und besserer Lebensqualität, mit weniger Luftbelastung und Lärm außerhalb des urbanen Zentrums sowie wegen des angenehm kurzen bis mittellangen Weges dorthin recht hoch für Grundstücke zu sein – weil jeder dorthin will. Weiter draußen auf dem Land zu leben bedeutet, längere Zeiten mit Auto oder öffentlichen Verkehrsmitteln unterwegs zu sein, um zur Arbeit in die Stadt zu kommen. Das kostet Geld und Zeit, die man auch lieber zuhause verbringen würde.

Hat man es gerne turbulent und legt Wert auf kurze Wege in der Stadt, kann ein Bauplatz in Nähe des Stadtzentrums interessant sein. Im Zentrum selbst wird kaum noch einer zu haben sein und die Wohnungsmöglichkeiten hier pflegen sich auf Apartments in mehrstöckigen Häusern zu beschränken.

Mit Kindern ist die Frage der Sicherheit in der Umgebung eine dringliche. Gemeint ist nicht nur das soziale Milieu, sondern auch die Verkehrsdichte und wie gut man sich dort mit dem Fahrrad fortbewegen kann. Die Nähe von Buslinien und Straßenbahn ist nicht zu verachten, sie bringen einen über den lokalen Gebrauch hinaus zu Fernzielen, indem man auf den Zug oder auf U-Bahn und Flughafen umsteigen kann. Für Kinder sind diese Verkehrsmittel für den Schulalltag von großem Vorteil. Die Verteilung von Kindergärten, Grundschulen und weiterführenden Schulen über die Stadtteile oder im ländlichen Raum geschieht möglichst flächendeckend, aber gerade auf dem Land kann es ganz beträchtliche Distanzen zu überbrücken geben, besonders wenn Ihr Kind ins Alter für eine weiterführende Schule kommt. Diese sind nicht so häufig auf der Landkarte zu finden wie vergleichsweise Grundschulen; ihr Einzugsgebiet ist größer.

Weiter sind die Freizeitmöglichkeiten in der Gemeinde oder dem Stadtteil, wo Sie ein Grundstück für Ihr Bauprojekt kaufen wollen, von Interesse. Gibt es Sportanlagen, ein Schwimmbad, Vereine? Ist irgendein angenehmes Fleckchen für spontane Naherholungsausflüge in der Nähe? Im Sommer wäre etwa ein Badesee nicht schlecht, oder ein Wald zum Spazierengehen. Industrie in der Nähe ist weniger erfreulich. Es kann zu Lärm von dort kommen oder zu Gerüchen, die trotz aller Filteranlagen in der Luft der Umgebung verstreut werden.

Ist das Wasser womöglich extrem kalkhaltig in der Gemeinde? Dann braucht es Entkalkungsgeräte in der Wasserleitung, oder

Sie können alle zwei Jahre Ihre wasserverarbeitenden Maschinen wegwerfen oder teuer reparieren lassen, von Kaffee- bis Waschmaschine.

Wenn Sie nicht immer mit dem Auto einkaufen fahren wollen, sind Supermärkte, Drogeriemärkte oder andere Einkaufsmöglichkeiten in Fußgänger- oder Fahrradentfernung von Vorteil. So lässt sich leichter delegieren: Sie schicken ein Familienmitglied etwas besorgen, während Sie auf Arbeit sind, und müssen darum nicht selbst den Umweg fahren und ein Stück Ihres Feierabends für die Besorgung opfern.

Wie weit fahre ich von dort zur Arbeit?

Und täglich grüßt das Murmeltier: Ein immer wieder zum Arbeitsplatz zurückzulegender Fahrtweg kann Ihnen über die Zeit ganz schön auf die Nerven gehen. Je länger er dauert, desto mehr wird er Ihnen zur Last werden. Wenn Sie den noch mit vielen anderen motorisierten Leuten zeitgleich überwinden müssen, wird es auf Ihrer Strecke eng und Sie kommen in die Rush Hour: Stockender Verkehr und Staus sind die Folge. Stattdessen mit Bus oder Bahn zur Arbeit zu fahren, ist vielleicht weniger staulastig, nimmt aber durch Umsteigen und Warten auf dem Bahnsteig und an der Bushaltestelle wohl noch mehr Zeit in Anspruch als die Autofahrt. Von der Umweltbelastung durch Ihre Fahrerei fangen wir gar nicht erst an zu reden.

Zweifellos macht Ihnen ein naher Autobahnanschluss das Pendeln leichter, wenn Sie eine andere Stadt ansteuern müssen. Aber dann möchte man auch wieder nicht den Lärm der mehrspurigen Fernstraßen in der Nähe haben; und die zerschnittene

Landschaft, in der man Tunnels oder Brücken suchen muss, um an der Autobahn vorbei zu kommen. Gut, es gibt Schallschutzwände gegen stetigen Verkehrslärm, aber schön sind diese Wälle am Rand eines Wohngebietes auch nicht. Eine Bahnstrecke ist auch nicht so angenehm an Geräuschkulisse.

Jeder Kilometer zu viel geht Ihnen an anders verbrachter Zeit im Leben verloren – und das summiert sich über das Jahr. Abgesehen von allen anderen Beweggründen wie Preislage und Infrastruktur ist die Wahl des Grundstücks für das Eigenheim ein Kompromiss zwischen Entfernung zum Arbeitsplatz und Lebensqualität am Wohnort. Selten kann man beides gleichzeitig maximieren.

Ideal, wenn Sie Freiberufler sind und Ihr Geld von einem beliebig positionierten Büro aus verdienen. Dann können Sie auch gleich einen Raum zuhause dafür einrichten und brauchen überhaupt nicht zur Arbeit fahren. Nur wenige Schritte und Sie können ein Kind trösten oder einen Streit schlichten. Fern an einem anderen Ort würden Sie gar nichts davon mitbekommen oder nur über das Telefon einwirken können.

Was möchte ich ausgeben?

Der Preis eines Grundstücks hat viel mit den vorgenannten Vorteilen oder Nachteilen der Lage zu tun. Sie werden eher weniger ausgeben müssen in einer Lage, die unbestreitbar ihre Nachteile hat. Die Toplagen kosten entsprechend mehr. Es gibt Gemeinden, die aktiv darauf hinarbeiten, Neubürger in ihren Verwaltungsbezirk zu bekommen. So weisen viele Dörfer gerne Neubaugebiete an ihrem Rand aus, wo die Parzellen sehr günstig sind, aber auch nicht sehr groß. Die Erschließung mit Straße und

Medien muss auch erst neu erstellt werden. Dort entstehen dann neue Typen von Schlafvorstädten, nur weiter draußen, angelockt durch die Niedrigpreispolitik der Gemeinde. Wachsende Bevölkerung bedeutet für diese nämlich mehr Zuschüsse vom Land und ein höheres Steuereinkommen pro Kopf.

Ob die Erschließung schon gemacht wurde oder nicht, dürfte eine Rolle bei der Preisgestaltung spielen. Übrigens ist die Größe des Grundstücks ein Faktor, was es kosten wird. Kleinere Grundstücke kosteten im Frühjahr 2019 mehr pro Quadratmeter als größere:

Unter 300 m^2 – 253 €/m^2
300 – 400 m^2 – 296 €/m^2
400 – 500 m^2 – 220 €/m^2
500 – 600 m^2 – 159 €/m^2
600 – 700 m^2 – 128 €/m^2
700 – 800 m^2 – 118 €/m^2
800 – 900 m^2 – 113 €/m^2
900 – 1000 m^2 – 120 €/m^2

In Großstädten ist die Auswahl begrenzt und die Nachfrage sehr groß, was nach allen Regeln hohe Preise bedeuten muss. Aber es gibt auch Preisstrukturen nach Bundesländern. So liegen Durchschnittspreise für erschlossenes Bauland in Schleswig-Holstein bei 114,21 €/m^2, in Thüringen nur bei 54,69 €/m^2 und in Baden-Württemberg bei 188,76 €/m^2. Aus diesem Zahlenmaterial des Jahres 2018 gehen sogar unterschiedliche Preisdifferenzen zu den Durchschnittspreisen für alle Arten von Baugrundstücken hervor.

Hanglagen, Abriss, Kontamination

Die problematischen Grundstücke sind die, die mehr kosten, als man ursprünglich annehmen musste. Solche mit unangenehmen Überraschungen also. Im Fall eines Hang-Baugrundstückes ist vielleicht nicht von Anfang an klar, dass man mit Stützmauern und Terrassierung wird arbeiten müssen, um dem Gefälle Herr zu werden. Die Nutzbarkeit ist dazu eingeschränkt, was die Außenanlagen angeht, denn niemand will dabei den Hang hinunterpurzeln, und ein Teil der Fläche geht für Stützmauern und Treppen verloren. Dazu sind beim Aushub auf einem Grundstück mit Hanglage eher Felsen im Untergrund zu erwarten als auf dem flachen Lande. Sie wissen schon: Das vervielfacht die Kosten. Deshalb sind hier Bodengutachten besonders wichtig, mit Tiefensondierung. Hanglagen sind zwar wünschenswert, wenn es eine schöne Aussicht zu genießen gibt, aber gleichzeitig nimmt der Berg hinter uns oder rechts und links in einiger Entfernung viel Licht weg, besonders abends könnte die Sonne früher hinter dem von der Anhöhe definierten Horizont verschwunden sein, als das draußen in der Ebene der Fall ist. Bewaldete Höhen sind nur noch dunkler, besonders wenn es sich um Nadelbäume handelt.

Ein günstiges Grundstück kann deshalb günstig sein, weil es noch Ruinen enthält, die erst abzureißen und abzutragen sind. Was natürlich kostet. Das Positive daran ist, dass Sie es vermutlich selbst tun können, wenn Sie kräftig sind und ein paar ebenso kräftige Männer in der Verwandtschaft haben. Beim Schwingen des Abbruchhammers kann man nicht viel verkehrt machen (außer, sich zu verletzen). Schwieriger wird es, wenn Dinge abgebaut werden, die heutzutage als toxisch betrachtet werden.

Dazu zählen die früher beliebten Asbestdachwellplatten. Das ist Sondermüll, der richtig teuer zu entsorgen wäre.

Beim Thema Kontamination angekommen, werden Sie zu Recht an den Boden gedacht haben. Wenn hier früher eine Fabrik stand, ein Militärgelände war oder einfach nur verantwortungslose Vorbesitzer hausten, könnte der Boden verseucht sein mit Altöl, Chemikalien oder untergemischten Abfällen, die jetzt erst mal rausmüssen, ehe Sie ein Haus an der Stelle bauen können. Von der Vorgeschichte her führen Umweltämter und Bauamt Verzeichnisse über Verdachtsmomente, dafür gibt es das Altlastenkataster. Gibt es nichts dergleichen und dennoch kommt ständig schmutziges Zeugs zum Vorschein, können Sie ein Bodengutachten machen lassen. Vier solche Proben werden aus dem Boden gebohrt, die Aktion kostet bis 1.500 €.

Behörden kennen keinen Spaß, wenn es um Bodenkontamination und Giftstoffe im Grund geht, weshalb hier im Falle, dass man versucht, Kosten zu sparen und Befall zu vertuschen, ganz erhebliche Bußgelder winken. Die haben Sie mit Sicherheit nicht in Ihrer Baukalkulation vorgesehen, weshalb sie Sie besonders hart erwischen würden.

Notar

Für das offizielle Beurkunden und für die saubere Regelung von Übergängen in Besitzverhältnissen, gerade an Grundeigentum, ist der Notar die richtige Adresse. Er achtet auch auf die gesetzmäßige Formulierung von Vertragselementen und sollte in der Lage sein, jede Frage dazu zu beantworten. Lange suchen müssen Sie nicht nach einem Notarbüro, denn fast jede Kleinstadt hat zumindest einen Notar. Er ist zu Neutralität verpflichtet und hat seine Amtsgeschäfte unter Verschwiegenheit zu führen.

Wenn Sie zum Notariat gehen wegen eines Beurkundungstermins, wissen Sie bereits, bis zu welcher Grenze Ihre Bank ungefähr finanzieren wird, und Sie sind sich mit Verkäufer oder Bauträger schon über den Verkauf selbst und die Vertragsklauseln dazu einig geworden. Wenn der Notar keine Instruktionen dazu erhält, setzt er einen Standardkaufvertrag auf. Sie werden in keinem Fall mit einem fertigen Vertrag konfrontiert, sondern erhalten vorab einen Entwurf, mit dem Sie und der andere Vertragspartner sich einverstanden erklären. Darin hat der Notar alles eingearbeitet, was von Ihnen beiden vorbestimmt worden ist, sofern es eine gesetzliche Grundlage hat. Fantasieverträge setzt der Notar also nicht auf.

Gibt es noch etwas zu ändern, dann machen Sie den Notar rechtzeitig darauf aufmerksam. Rechtzeitig bedeutet, dass er Zeit genug hat, um die Änderung allen Beteiligten noch vorzulegen, bevor es zur Unterzeichnung kommt. Ist der Kaufvertragsentwurf endlich fertig und abgesegnet, legen Sie ihn der Bank vor, damit Sie ihn dort ebenfalls absegnen und Ihren Baukredit verbindlich zugesagt bekommen können. Für den Notar brauchen Sie das

Grundschuldbestellungsformular Ihrer Bank, welches ermöglicht, dass Sie gleich nach der Beurkundung des Grundstücksverkaufs die Grundschuld beurkunden können. Wenn dazu andere Personen als Darlehensnehmer zugegen sein müssen, dann haben Sie natürlich dazu deren Erscheinen veranlasst, um gemeinsam unterschreiben zu können. Ist das Grundschuldbestellungsformular noch nicht fertig, wird Sie der Notar zu einem neuen Termin in absehbarer Zeit bitten.

Zur Vertragsunterzeichnung haben Sie Ihre Ausweise dabei und hören sich nochmals das Vertragswerk vorgelesen vom Notar an. Dabei kann man durchaus noch Fragen stellen und der Notar wird erklären. Abschließend unterzeichnen alle den Vertrag und der Notar beurkundet den Vorgang.

Er fordert Unterlagen an, die es für die Abwicklung noch brauchen könnte. Danach schickt er allen Beteiligten Kopien zu. Die Eintragung einer Vormerkung im Grundbuch geht von ihm mit einem Antrag aus. Er ist es auch, der dem Finanzamt die Information für die Grunderwerbssteuer zuleitet.

Sind nun wirklich alle Unterlagen beisammen und vom Notar auf Vollständigkeit und Gültigkeit überprüft, wird er Ihnen mitteilen, dass jetzt der Kaufpreis fällig wird. Das wird „Fälligkeitsmitteilung" genannt. Standen beispielsweise noch finanzielle Altlasten im Grundbuch, die nicht durch Sie übernommen werden sollen, dann zahlen Sie auf die Fälligkeitsmitteilung hin die Gläubiger des Vorbesitzers aus und natürlich den Hauptbetrag an den Verkäufer. Der Notar wird diese Schritte mitverfolgen. Wird das Treuhänderkonto des Notars eingesetzt, Notaranderkonto genannt, brauchen Sie den Kaufpreis zum vereinbarten Termin nur dorthin zu zahlen und der Notar übernimmt eine eventuell anhängige Weiterverteilung in Eigenregie.

Vom Finanzamt erfahren Sie, was dieses an Grunderwerbssteuer von Ihnen haben will. Der Steuerbescheid ist nicht abhängig von der Fälligkeit des Kaufpreises, sondern läuft selbstständig ab. Dass Sie daran interessiert sein sollten, dass dieser Bescheid und Ihre Steuerbegleichung möglichst rasch stattfinden, liegt daran, dass der Notar noch auf die Unbedenklichkeitsbescheinigung des Finanzamtes wartet, welche er dem Grundbuchamt vorzulegen hat – erst dann ist der bürokratische Schimmel endlich gezäumt und gesattelt, und das Grundstück kann auf Sie umgeschrieben werden. Kann … denn etwas fehlt noch …

Hoffentlich haben auch Verkäufer und eventuell abzulösende Gläubiger des Vorbesitzers dem Notar bestätigt, dass ihr Geld eingetroffen ist. Das ist das Okay für den Notar, beim Grundbuchamt die Eigentumsumschreibung zu beantragen. Vorher macht er es nämlich nicht, aus Sorge, Sie könnten als Besitzer eingetragen werden, aber nie bezahlen. Die Prozedur will diesen Fall ausschließen. Gleichzeitig werden die Altlasten gelöscht, die Sie nicht übernehmen wollten und also abbezahlt worden sind, wie soeben bestätigt wurde.

Auch Sie werden durch das Vorgehen des Notars geschützt. Ihre Sicherheit sieht so aus, dass zu Ihren Gunsten eine „Vormerkung" nach § 883 BGB eingetragen wird, die jede Verfügung des Verkäufers über das Grundstück unwirksam macht in der verbleibenden Zeit bis zur erfolgten Überschreibung des Besitzes. Er könnte ja sonst noch schnell eine Hypothek aufnehmen oder mal eben an eine andere Partei verkaufen, und Sie hätten das Nachsehen.

Ist der Notar damit fertig?

Nicht ganz. Er wartet auf die Mitteilung des Grundbuchamtes, dass diese letztgenannten Schritte ausgeführt wurden. Dann gibt er die frohe Botschaft an Sie und den Verkäufer weiter. Im Grundbuch steht jetzt Ihr Name und die Lasten sind gelöscht. Damit ist der Vertrag bis in alle Einzelheiten erfüllt.

Baunebenkosten

Dass die Baunebenkosten eine gleichberechtigte und nicht zu unterschätzende Gruppe neben den reinen Baukosten und den Grundstückskosten sind, wurde im Kapitel „Budget bestimmen“ bereits angesprochen. Wie hoch diese gerade in Ihrer Region sind, zeigt Ihnen der Baupreisindex[3]. Das ist eine Sammlung von Preisentwicklungen im Verhältnis zu früheren Preisen, um Bauvorhaben kalkulieren zu können. Er ist nicht dasselbe wie der Baukostenindex, der Bauunternehmern dient, um Preise und Löhne in der Entwicklung abschätzen zu können. Im Baupreisindex werden vom Statistischen Bundesamt 177 Bauleistungen ausgewertet und quartalsweise aktualisiert. Es gibt ihn für jedes Bundesland und für das gesamte Bundesgebiet. Als Basiswert dient alle fünf Jahre ein neuer Jahreswert, der dann die 100 %-Marke darstellt. 2015 war so ein Basiswert-Jahr, folglich wird das nächste Jahr, das auf 100 % zurücksetzt, 2020 sein.

Als Richtwert geistern 15 % als Aufschlag zu den reinen Baukosten herum, die die Baunebenkosten umfassen sollen.

Kosten der Grundbucheinträge und Grundschuldeintragung

Die Gebühren beim Grundbuchamt sind wie bei jeder Behörde fixiert und dürften somit keine Überraschung darstellen, wenn

3 https://www.destatis.de/DE/Themen/Wirtschaft/Konjunkturindikatoren/Preise/bpr110.html

man nur den Kaufpreis des Grundstücks, die Bewertungsgrundlage für alle amtlichen Bemessungen dieser Art, kennt. Die Methode, sie zu ermitteln, folgt dem Gerichts- und Notarkostengesetz, GnotKG. Hier eine Seite[4] mit Rechner.

Bei einem angenommenen Kaufpreis von 100.000 € und einer Grundschuld von 50.000 € wären das

- Auffassungsvormerkung löschen 25 €
- Grundschuld eintragen 165 €
- Eigentümer eintragen 165 €
- Auffassungsvormerkung eintragen 83 €

Grunderwerbssteuer

Als Ländersache schwankt der Prozentsatz je nach Bundesland, wie viel das Finanzamt an Grunderwerbssteuer sehen möchte. Die derzeitigen Steuersätze (2019) lauten:

Baden-Württemberg	5,0 %
Bayern	3,5 %
Berlin	6,0 %
Brandenburg	6,5 %
Bremen	5,0 %
Hamburg	4,5 %
Hessen	6,0 %
Mecklenburg-Vorpommern	5,0 %
Niedersachsen	5,0 %

4 https://www.grundbuch.de/grundbuchrechner.html

NRW	6,5 %
Rheinland-Pfalz	5,0 %
Saarland	6,5%
Sachsen	3,5 %
Sachsen-Anhalt	5,0 %
Schleswig-Holstein	6,5 %
Thüringen	6,5 %

Das ist recht leicht auszurechnen für unseren Beispielpreis von 100.000 €, in Rheinland-Pfalz etwa werden 5.000 € fällig.

Notarkosten

Die Notarkosten bei unserem exemplarischen Preis für das Grundstück von 100.000 € beliefen sich auf:

- Beurkundungsverfahren für den Kaufvertrag 546 €
- Vollzugsgebühr für den Kaufvertrag 137 €
- Betreuungsgebühr 137 €
- Unterschriftsbeglaubigung 137 €

Schauen Sie wieder in das GnotKG für die Gebührensätze.

Maklerkosten

Von festen Maklerpreisen kann keine Rede sein, stattdessen bekommen Sie von „ortsüblicher Maklerprovision“ zu hören. Die ist überhaupt nicht fixiert und theoretisch frei verhandelbar, ebenso wie man sich den Schwarzen Peter zuschieben kann, wer sie denn nun bezahlen soll – der Verkäufer oder der Käufer? Oder beide zur Hälfte? Die Rede ist dabei von einem Prozentsatz vom Grundstückswert. Bei extrem niedrigpreisigen Objekten wird auch eine davon abweichende Vergütung verlangt. Dann wird ein Pauschalbetrag oder 10 % vom Wert verlangt, um den armen Makler nicht vollends am Hungertuch nagen zu lassen.

Unzulässig sind Servicegebühren, Übergabegebühren, Verwaltungspauschalen und Besichtigungsgebühren. Die Courtage ist das Limit. Was sonst noch verlangt wird, kann gesetzlich zurückgefordert werden, wozu es Bundesgerichtshofsurteile gibt. Die Provisionsforderung hat auf den Hauptvertrag zu warten und kann nicht schon bei Zustandekommen eines Vorvertrags gestellt werden. Vor dem Zustandekommen eines Verkaufs bleibt der Makler ohnehin unbezahlt, er wird nämlich nach Erfolg bezahlt, nicht nach Aufwand. Möglich ist aber, dass Makler Vereinbarungen mit ihren Kunden treffen, wonach im Fall eines ausbleibenden Verkaufs eine Aufwandsentschädigung zu zahlen wäre (nach § 652 Abs. 2 BGB). Das soll uns als Käufer aber nicht interessieren.

„Ortsübliche“ Maklerprovision nach Bundesländern:
(Anteile: G = gesamt, V = Verkäufer, K = Käufer)

- Baden-Württemberg (G) 7,14 % (V) 3,57 % (K) 3,57 %
- Bayern (G) 7,14 % (V) 3,57 % (K) 3,57 %
- Berlin (G) 7,14 % (V) 0,00 % (K) 7,14 %
- Brandenburg (G) 7,14 % (V) 0,00 % (K) 7,14 %
- Bremen (G) 7,14 % (V) 3,57 % (K) 3,57 %
- Hamburg (G) 6,25 % (V) 0,00 % (K) 6,25 %

- Hessen (G) 5,95 % (V) 0,00 % (K) 5,95 %
- Mecklenburg-Vorpommern (G) 5,95 % (V) 2,38 % (K) 3,57 %
- Niedersachsen (G) 7,14 % oder 4,76–5,95 % (V) 3,57 % oder 0 % (K) 3,57 % oder 4,76–5,95 %
- Nordrhein-Westfalen (G) 7,14 % (V) 3,57 % (K) 3,57 %
- Rheinland-Pfalz (G) 7,14 % (V) 3,57 % (K) 3,57 %
- Saarland (G) 7,14 % (V) 3,57 % (K) 3,57 %
- Sachsen (G) 7,14 % (V) 3,57 % (K) 3,57 %
- Sachsen-Anhalt (G) 7,14 % (V) 3,57 % (K) 3,57 %
- Schleswig-Holstein (G) 7,14 % (V) 3,57 % (K) 3,57 %
- Thüringen (G) 7,14 % (V) 3,57 % (K) 3,57 %

Bauantrag und Baugenehmigung

Einer Baugenehmigung ist der Bauantrag vorgeschaltet. Zu erwarten sind hierfür 0,2 bis 0,7 % der Baukosten, abhängig vom Bundesland. Die Gebühren für den Bauantrag werden nach einer Formel berechnet. Nachdem Sie geklärt haben, welche Unterlagen das Bauamt sehen möchte, kommen für den eingereichten Bauantrag etwa 0,5 % der Baukosten als Gebühr auf Sie zu. Die Formel lautet „umbauter Raum in Kubikmetern mal Bauwert in Euro pro Kubikmeter, davon ein örtlicher prozentualer Gebührensatz“. Neben dem Antrag für das Haupthaus können Nebengebäude und Sondergenehmigungen für technische Anlagen hinzukommen.

Für den Bauwert nimmt das Amt gern 300 bis 500 € an. Dieser Gebührenbescheid wird eintreffen, bevor die Baugenehmigung erteilt wird. Den Bauantrag zu stellen, kann auch zum Aufgabenbereich eines Architekten gehören. Dann werden Sie persönlich damit nicht behelligt, sondern den Posten in der Abrechnung des Architekten finden.

In Ihrem Falle eines Wohngebäudes mit maximal zwei Wohneinheiten und einer Wohnfläche von bis zu 200 m^2 genügt in einigen Bundesländern die „kleine Bauvorlageberechtigung“, ansonsten die „große Bauvorlageberechtigung“, zwingend von einem Architekten einzureichen. Diese Bundesländer sind: Baden-Württemberg, Bayern, Berlin, Bremen, Hamburg, Hessen, Niedersachsen und Schleswig-Holstein. Für die „kleine“ genügen Maurer, Zimmerer, Betonbauer, Bautechniker, Bauingenieure und eben auch Architekten, die nicht in der offiziellen Liste der „großen Bauvorlageberechtigten“ stehen.

Bauanzeige

Die Bauanzeige wird verwendet, wenn es sich um kein genehmigungspflichtiges Vorhaben handelt. Die Bauvorlagen werden eingereicht und können vom Amt geprüft werden, müssen sie aber nicht. Hört man vier Wochen lang nichts vom Bauamt, kann der Bauherr anfangen. Dies kann ausreichen in Bauplangebieten mit niedrigen Wohnhäusern. Dafür muss allerdings ein entsprechender Bebauungsplan für die Gegend bestehen. Eine detaillierte Prüfung der Pläne braucht nicht erwartet zu werden, wenn kein Einwand innerhalb dieser vier Wochen kommt. Von Land zu Land wird die Bauanzeige unterschiedlich gehandhabt, Hamburg hat sie ganz abgeschafft. Die Gebühren sind vergleichsweise gering zu nennen. So spricht eine Gemeinde von 90 € für die Bescheinigung, dass die Erschließung gesichert sei und die Gemeinde nicht bei der Bauaufsicht intervenieren werde, sowie von 54 € für die Annahme der Unterlagen und ihre Prüfung auf Vollständigkeit. Natürlich kann noch etwas dazukommen, wenn Ausnahmen vom Bebauungsplan genehmigt werden müssen.

Grundstückserschließungskosten und Hausanschlüsse

Autarke Grundstücke gibt es eigentlich nur noch in Wochenendhaus-Siedlungen, und selbst dort finden sich zunehmend die Annehmlichkeiten einer zentralen Wasserversorgung (nicht bloß ein Regenfass oder ein Brunnen), Abwasserkanal und Stromanschluss. Da Grundstücke in neu erschlossenen Zonen keine früher erstellten Anschlüsse mitbringen, muss alles von Grund auf neu gebaut werden – was Geld kostet, das dem aktuellen Grundstücksbesitzer in Rechnung gestellt wird. Die Gemeinde hat, meist mit dem Bau der Zufahrtswege und Straßen, das ihrige schon getan und vom bestehenden Netzwerk eine Verzweigung hergestellt und den Strang herangeführt. Dafür möchte die Kommune Geld sehen, denn Sie als künftiger Anwohner profitieren von dieser Erschließung, und zwar jahrzehntelang.

Dabei wird immer zuerst einmal an die Wasserleitung und an die Grundstücksentwässerung via Kanalisation gedacht. Strom nicht unbedingt, denn Strom kann lokal immer noch über Strommasten herangeführt werden und nicht unterirdisch. Eine Gasleitung kann auch in der Straße sein für die Versorgung von Gasheizungen in den anliegenden Häusern. Sie könnten sich weiter für einen Festnetzanschluss und/oder ein Breitbandkabel für die Kommunikation per Telefon und Internet interessieren.

Dazu können Vermessungsarbeiten anfallen, ein Bodengutachten oder ein Abräumen von Bäumen und Wurzeln oder das Abreißen von alten Baustrukturen.

Mit den Betreibern der diversen Versorgungsnetze besprechen Sie, was schon anliegt und wo es endet. Mit etwas Glück sind die Kosten dafür bereits umgelegt worden und man wird Sie, den neuen Eigentümer, gar nicht behelligen. Oder wenigstens nur teilweise. Im Kaufvertrag steht genau, in welcher Hinsicht das Baugrundstück erschlossen ist oder nicht. Ist es erschlossen, sollte der Kaufvertrag festhalten, dass die Erschließungskosten bereits bezahlt sind, sonst erben Sie sie noch vom Vorbesitzer, ohne es zu erwarten. Dass Anlieger an den Kosten eines Ausbaus des örtlichen Verteilernetzes beteiligt werden, ist in § 11 der Niederspannungsanschlussverordnung[5] und (ebenfalls) § 11 der Niederdruckanschlussverordnung[6] geregelt. Zu verhandeln gibt es an diesen Kosten nichts.

Allein der Wasseranschluss im Neubaugebiet kann auf 5.000 € kommen, der Abwasserkanal auf 7.500 €. Sind Sie weit entfernt vom bestehenden Netz und extra für Sie müssen weitere Meter verlegt werden, wird es teurer. In manchen Gegenden kann man statt des Abwasserkanals einen unterirdischen Abwassertank (der moderne Nachfolger der Jauchegrube und hoffentlich geruchsarm konstruiert) anlegen. Günstiger? Vielleicht. Aber er muss in periodischen Abständen von einem Entsorgungsfahrzeug besucht und geleert werden.

Strom dürfte 2.000 bis 3.000 € kosten. Der Gasanschluss wird sich auf 2.000 € berappen.

5 https://www.gesetze-im-internet.de/nav/NAV.pdf
6 https://www.gesetze-im-internet.de/ndav/NDAV.pdf

Bauherrenhaftpflichtversicherung (optional)

Die Versicherungsunternehmen legen sich ins Zeug, um ihre Angebote von Haftpflichtversicherungen speziell für Bauherren an den Mann und an die Frau zu bringen. Pflicht sind sie jedoch nicht und über ihre Notwendigkeit könnte man, wenn man kein Versicherungsmensch ist, streiten. Oder warum lesen wir an Bauzäunen immer von „Achtung Baustelle. Eltern haften für ihre Kinder"? Dort hat niemand etwas zu suchen, wenn er nicht von Berufs wegen hereinkommt. Und dann hat er seine Berufsunfallsversicherung. Für alle anderen stehen da ein Bauzaun und ein verschlossenes Tor.

Doch die Lobby ist stark und man muss schon mehrere Webseiten über sich ergehen lassen, die den Teufel an die Wand malen, ehe man zu aufrichtigeren Stellungnahmen zu der Frage, ob es eine Bauherrenhaftpflicht braucht, durchdringt. Dann erfahren wir, dass sich der Versicherungsschutz nur auf Verstöße gegen die Verkehrssicherungspflichten des Bauherren bezieht, wenn sich daraus Schäden ableiten lassen. Also keine Beschilderung oder schlechte Illumination zur Orientierung. Diese Pflichten werden für den Bauherren vom Bauleiter übernommen. Dieser oder ein Architekt übernimmt für ihn auch die Aufsicht darüber, ob die Arbeitsschutzvorschriften und jene zum Gefahrgut eingehalten werden. Und ich wette, diese Profis sind auch berufsversichert, falls sie Fehler begehen.

Und noch eine Nachricht: Haben Sie eine Haus- und Grundbesitzerhaftpflichtversicherung, fungiert diese auch für Vorkommnisse auf dem Bau, und es braucht keine eigene Bauherrenhaftpflicht-versicherung. Ist schon eine Privathaftpflichtversicherung vorhanden, sollte man sich das Kleingeschriebene genauer ansehen; könnte sein, dass ein Bauvorhaben damit schon abgedeckt ist und Sie wussten es bislang noch gar nicht. Wer sich trotzdem eine leisten möchte, muss nicht tief in die Tasche greifen: es gibt welche für unter 100 € Einmalzahlung. Solche, die ein Tausendstel der Bausumme kosten, gehören wohl schon zu den Deluxe-Angeboten.

Bauleistungsversicherung (optional)

Diese Versicherung soll gegen eine Menge Unbill schützen. Dazu gezählt werden Vandalismusschäden, Materialfehler und Konstruktionsmängel, Fahrlässigkeit, Sturmschäden und Wasserfluten. Nicht dabei sind allerdings Schäden durch Brand und Explosion, wozu wir – Überraschung! – wieder eine eigene Versicherung vor uns auftauchen sehen: die Feuerrohbauversicherung. Die Branche beweist wirklich viel Fantasie, um uns Geld aus der Tasche zu ziehen. Na, immerhin kann man sie kostenlos bekommen, wenn vereinbart ist, dass nach Einzug eine Wohngebäudeversicherung bestehen soll.

Der Umfang der Abdeckung lässt eine Bauleistungsversicherung nicht schlecht aussehen. Übrigens macht sie für einen Bauunternehmer sogar noch mehr Sinn als für einen Bauherrn, denn im Laufe seines Berufslebens wird der Bauunternehmer öfters mal mit Schäden konfrontiert und will sie dann nicht aus eigener Tasche bezahlen. Für uns als Bauherren ist die Bauleistungsversicherung lecker, weil sie das „Bauherrenrisiko“ mit unter ihre Fittiche nimmt.

Eine Bauleistungsversicherung mit Bausumme von 100.000 €

und 250 € Selbstbeteiligung kann weniger als 200 € kosten. Die Bausumme und die Wohnfläche sind die Kriterien für die Berechnung beim Versicherer.

Bebauungsplan

In Deutschland liebt man Ordnung. Darum wird auch nicht die Landschaft zersiedelt und unterschiedlichste Gebäudearten werden aneinandergeklatscht, sondern von Gemeinden wird homogen vorgeplant, was wo beisammenstehen darf. So kommt es zu separaten Gewerbegebieten, Industriegebieten, Wohngebieten, Verkehrsanlagen. Oder wenn nicht, dann sind es „Mischgebiete". Konflikte wegen unterschiedlicher Nutzung werden so weitgehend heruntergefahren. Richtig, das war noch keine Beschreibung des Bebauungsplans, sondern des übergeordneten Flächennutzungsplans – aber der Bebauungsplan schließt sich als nächste Detailstufe an diese Zonenplanung an. Die Gebäude eines homogenen Gebiets sollen harmonisiert werden, einheitlich aussehen. Darüber lässt sich geschmacklich streiten, aber es ist nun mal Fakt, dass Gemeinden es in der Gewalt haben, Fassadengestaltung und Dachart in der ganzen Nachbarschaft vorschreiben zu können. Gegenstand des Bebauungsplans ist ein Stadtteil, ein Ortsteil oder auch nur eine Gruppe von Grundstücken, wie sie irgendwie als Ensemble Sinn machen. Ein Bebauungsplan überschneidet sich nie mit einem anderen.

Eine Landesbauordnung steuert für die Gemeinde die rechtlichen Grundlagen für ihre Bebauungspläne bei, ist also typisch für das Bundesland, in dem die Gemeinde liegt. Die Gemeinde verfolgt eine Reihe von Zielen, wenigstens theoretisch, wie das „Allgemeinwohl" und „Klimaschutz" oder die Erhaltung des Landschaftsbildes. Man möchte private und öffentliche Interessen aufeinander abstimmen. Soweit die höheren Beweggründe. Für Sie als Bauherrn sind andere Dinge interessant, nämlich, was Sie planen lassen dürfen und was nicht, weil es so im Bebauungsplan steht. Schließlich kann man von Ihnen verlangen, dass Sie es wieder abreißen, wenn sie dagegen verstoßen haben sollten. Die Anzahl der Gebäudestockwerke zum Beispiel ist für Sie interessant, oder die maximalen Grundflächen- und Geschossflächenzahlen, die Nebengebäude und ob Garagen gestattet sind. Bauweise und Dachform interessieren den Bebauungsplan, wie wir schon festgehalten haben.

Sie erkundigen sich frühzeitig nach den Kriterien des Bebauungsplans für Ihr Grundstück, bevor Sie mit dem Planentwurf anfangen lassen, weil der ja nur planen soll, was auch Aussichten auf Genehmigung haben würde. Vielleicht schauen Sie sich den Bebauungsplan erst mal an, bevor Sie sich überhaupt für ein Grundstück entscheiden. Es könnte ja eine Vorgabe enthalten sein, mit der Sie sich nie anfreunden würden. Immerhin enthalten manche Bebauungspläne mögliche Ausnahmen.

Das Gute bei der ganzen Geschichte ist: Der Bebauungsplan ist nichts, was Sie bezahlen müssten. Er kostet Sie nur etwas, wenn Sie Ihre Pläne seinetwegen ändern müssen oder, schlimmer noch, für nachträglich festgestellte Diskrepanzen zwischen Ihrem Hausprojekt und dem Bebauungsplan die geschaffenen Tatsachen rückgängig machen müssen. Stellen Sie sich nur vor, Sie hätten schon die Maurer bei der Arbeit und dann käme jemand von der Bauaufsicht und sagt Ihnen, die Abstände zur Grundstücksgrenze würden nicht eingehalten sein. Sehr ärgerlich. Teuer.

Finanzierung

Bei fast jedem Bauprojekt ist eine finanzierende Bank beteiligt; die Anzahl der Bauherren, die keine benötigen, dürfte gering sein. Wir können daher vom Normalfall ausgehen, dass Sie zu denjenigen gehören, die sich das Geld für den Hausbau bei der Bank holen müssen – einer der Hauptgründe sicher, dieses Buch zu lesen. Die Bank macht es Ihnen nicht leicht. Sie will überzeugt werden, dass Ihr Projekt gelingt und Sie in den kommenden Jahrzehnten Ihre Hypotheken abzahlen können. Dafür muss Ihr Finanzierungsgesuch Hand und Fuß haben. Ein Eigenkapitalanteil ist dabei ein von der Bank gern gesehenes Detail – desto höher, desto geringer das Risiko für die Bank, die restliche Summe zu stellen.

Um überhaupt zu wissen und begründen zu können, wie viel Sie von der Bank brauchen, ist es nötig, eine solide Kalkulation aufzustellen. Da dazu Insiderwissen aus dem Baugewerbe sehr nützlich ist, was Preise und Leistungen angeht, können Sie Ihren Bauträger dazu einspannen, Sie mit den nötigen Informationen zu versorgen. Schließlich liegt es auch im Interesse Ihres Bauträgers, dass die Finanzierung gelingt. Kein Geld, kein Auftrag.

Neben der stichhaltigen Kalkulation der Bausumme brauchen Sie aber auch eine glaubhafte Aufstellung Ihrer laufenden Lebenshaltungskosten – und zwar unbeschönigt. Die Bank hat zwar Regelsätze für die „Durchschnittsfamilie“, aber wenn Sie davon abweichen sollten, ist jetzt die Zeit, dies einzubringen. Sie selbst haben ebenfalls kein Interesse daran, dass die Bankfinanzierung zu knapp bemessen ausfällt und Sie jahrelang fast am Hungertuch nagen müssen, nur um das Haus abbezahlen zu können. Und dann kann immer noch etwas passieren: Arbeitsplatzwechsel, Krankheit, unvermeidliche Neuanschaffungen.

Doch wir wollen den Teufel nicht an die Wand malen und positiv denken. In die Berechnung Ihrer möglichen Tilgungsrate pro Monat fließen ein:

- Die erwähnten Lebenshaltungskosten, angelehnt an statistische Standardwerte. Man nimmt etwa 700 € für die erste Person eines Hausstandes an und für jede weitere Person nochmals 150 €.
- Die laufendenden Nebenkosten Ihres künftigen Hauses, also was Sie zu seinem Gebrauch ausgeben müssen an Stromkosten, Wasserabgaben, Heizung usw.
- Aufwendungen für Ihr Telefon, Internet, Fernsehgebühr, Kabelgebühr etc.
- Versicherungen aller Art
- Ausgaben für die Autos der Familie
- Rücklagen für die Altersvorsorge und andere Ansparungsmodelle
- Bestehende Kredite aller Art

Und natürlich kommen zu dieser Liste die künftigen monatlichen Tilgungsraten für Ihr Haus hinzu, welche Ihr Bankberater in den verbleibenden Raum Ihres Monatseinkommens einzupassen versucht, ohne dass es kneift und zwickt. Eine beliebte Faustregel besagt, dass Ihre Tilgungsrate nicht mehr als 40 % Ihres Nettoeinkommens betragen sollte. Was Sie bislang an Miete für Ihre alte Wohnung bezahlen mussten, kann als Richtwert dienen für die Ratenhöhe der Baufinanzierung. Schließlich sind Sie gewohnt, diese Höhe zu stemmen. Darüber hinaus gibt es die Empfehlung von Seiten der Banken, mindestens die Nebenkosten allein mit

Ihrem Eigenkapital begleichen zu können. Im Internet gibt es auf diversen Seiten kleine Kalkulationsprogramme, um den Haushaltsbedarf auszurechnen (und keinen Punkt zu vergessen). Wie immer gilt die Regel, eher mit Luft nach oben zu kalkulieren als allzu eng. Das macht außerdem auf den Banksachbearbeiter einen guten Eindruck, weil realistisch. Gewöhnlich ist es sein Job, allzu großen Optimismus seiner Kunden zu dämpfen – und er macht es wohl nicht gern. Es sollte auch von Vorteil sein, die Bank so früh wie möglich einzuschalten und nicht erst spät „mit geschaffenen Tatsachen zu konfrontieren". So sind die große Enttäuschung und der Stress einer Suche nach einer anderen Bank vermeidbar und Sie kennen von Anfang an Ihr Budget für den Bauträger.

Können Sie kein Eigenkapital einbringen, könnte es immer noch zu einer Vollfinanzierung durch die Bank kommen. Nicht jede lässt sich jedoch darauf ein. Die Bank wird in dem Fall besonders auf einen hohen Wert des künftigen Hauses achten und die besten Zinsen sind unter diesen Umständen nicht von ihr zu bekommen. Soll heißen, der Kredit wird teurer mit dem höher eingeschätzten Risiko.

Sie mögen ambitioniert sein, aber Sie möchten nicht für Ihr Traumhaus in der besten Zeit Ihres Lebens leiden. Sonst schlägt die Freude am Besitz noch in Frustration um. Niemand sollte sich sein Eigenheim vom Brot absparen müssen. Der gewohnte Lebensstil sollte sich fortsetzen lassen.

Einplanen müssen wir:

- Einen Bemusterungspuffer (etwa 10.000 €). Damit Sie nicht immer das Billigste aus dem Musterkatalog des Bauträgers fischen müssen. Mehr Steckdosen und Lichtschalter als ursprünglich angeboten zeigen sich eigentlich immer im alltäglichen Leben als Mehrausgabe, die sich gelohnt hat.

- Was an Außenarbeiten nicht Teil des Bauträgerangebotes sein könnte: Garage, Carport, Pflasterarbeiten davor bis zum Tor. Und der Garten natürlich, mit der Grenzeinfriedung per Zaun oder Mauer. Zu erwarten sind 20.000 bis 50.000 €. Hier lässt sich gut sparen durch Eigenleistungen!
- Ein Grundstück in Hanglage wird Terrassierung brauchen, mit Stützmauern und Betonsockeln darunter. Je steiler der Hang, desto aufwändiger die Maßnahmen gegen Bergrutsch und desto höher der Finanzierungsaufwand. Ein Verzicht darauf reduziert die Nutzbarkeit des Außengeländes auf ein Minimum und stellt bei loser Bodenstruktur ein Sicherheitsrisiko dar (siehe Abschnitt „Außenbereich"). Und wir haben schon an anderer Stelle betont, dass ein steiniger oder felsiger Untergrund ein wahrer Kostenexplosionsfaktor ist, wenn wir das eine Firma machen lassen. Es wird für das Hanglagen-Grundstück viele Treppen brauchen, um nach oben zu gelangen. Was da alles zusammenkommt, hängt von Grundstücksgröße, Hangneigung und der Planung zum Außenbereich ab.

Förderungen ausschöpfen

Der Staat ist daran interessiert, dass seine Bürger Familien gründen. Der Bau oder Kauf eines Hauses wird als förderlich für diesen Schritt angesehen. Darum gibt es Anreize dafür von öffentlicher Hand. Die Bank für Wiederaufbau KfW bietet günstige Kredite, die dermaßen geeignet sind, regulären Bankkrediten das Wasser abzugraben, dass diese eher nicht darauf zurückgreifen, es sei denn, Sie sind informiert und regen an, einen KfW-Kredit mit an Bord zu nehmen.

In dieselbe Kerbe schlägt das Baukindergeld, sofern Sie schon Kinder haben, was bei der Entscheidung zum Hausbau einen der Hauptgründe zu liefern pflegt. Es ersetzt die frühere Eigenheimzulage, um Familien mit Kindern den Vermögensaufbau zu erleichtern. Der Zuschuss muss nicht zurückgezahlt werden. Der Antrag dafür wird aber erst nach dem Einzug gestellt, also rückwirkend für Sie als Bauherren. Danach bekommen Sie zehn Jahre lang in jedem Jahr 1.200 € Zuschuss für jedes Kind. Auch dieser Zuschuss läuft über die Bank für Wiederaufbau. In Bayern wird der Zuschuss sogar jedes Jahr um 300 € aufgestockt. Man darf aber vor dem Hausbau noch kein Wohneigentum besessen oder mehr als 90.000 € Jahreseinkommen (mit einem Kind) haben, um sich hierfür zu qualifizieren. Informieren Sie sich, was sonst an Förderungsprogrammen für Sie in Frage kommt, auf dem Energiesektor etwa oder regional.

Zinssätze, festgeschriebener Zins und die Zeit danach

Einfach gesagt bestimmt der Bankkredit, über welchen Zeitraum mit wie hohen Raten abbezahlt werden soll. Der Zinssatz wird für eine Periode festgeschrieben und danach nach der Marktlage veränderlich. Das kann verschiedene Auswirkungen haben; gute wie schlechte. Ist die Zinssituation nach Ablauf der Festzinsperiode eine niedrige, wird es für Sie billig(er). Befinden Sie sich danach aber in einer Hochpreissituation, verteuern sich die neuen Raten. Daher ist ein möglichst lange festgeschriebener Zinssatz ein Sicherheitsmerkmal. Andererseits sind die Zinsen günstiger festgeschrieben, je kürzer die Zinsbindung andauert.

Läuft die Zinsbindung ab, erwartet die Bank von Ihnen, dass Sie die Restschuld zurückzahlen. Das werden die wenigsten können. Es geht also weiter mit einer Anschlussfinanzierung, mit neu zu verhandelnden Zinsen. Die werden sicher höher sein als diejenigen aus der Niedrigzinsperiode. Man spricht in diesem Zusammenhang von einer „Tilgungsfalle“. Was ist das?

Die „Tilgungsfalle“

Eine hohe Restschuld konfrontiert Sie nach Ablauf der Zinsbindung mit den nunmehr gestiegenen Zinsen, die zu verdauen sind. Wenig Tilgung während der Zinsfestschreibung lässt eine recht hohe Restschuld erwarten, was die Lage noch dramatischer macht. Die kann Sie „kalt erwischen“.

Wegen der höheren Zinsen der Anschlussfinanzierung könnten Sie auf die Idee kommen, das Haus abzustoßen. Das könnte schiefgehen. Die Marktlage für Immobilien hat sich dann aber vermutlich geändert, die gestiegenen Zinsen drosseln die Nachfrage nach Häusern und das lässt die Preise purzeln. Für Sie kann das als Verlustgeschäft enden. Das entbindet Sie natürlich nicht davon, die Restschuld auch noch zurückzahlen zu müssen. Somit wäre die „Tilgungsfalle“ auch noch eine echte „Schuldenfalle“.

Lässt sich das Risiko der „Tilgungsfalle“ vermindern? Ja, indem Sie möglichst viel während der Festzinsperiode tilgen (die ausgewiesene Tilgungsrate in Prozent gibt diese Information) und weniger der Zeit danach überlassen. Noch besser als eine maximal heruntergefahrene Restschuld ist der Idealzustand, seinen Kredit innerhalb der Zinsbindung ganz abzuzahlen. Dann brauchen Sie keine Anschlussfinanzierung und sind frei wie ein Vogel. Nachteil ist eine hohe monatliche Belastung.

Schauen wir uns das in einer Beispielrechnung an, in einem angenommenen Fall von 100.000 € Kreditauszahlung. Zinsbindung auf zehn Jahre, dabei gehen wir von einem festen Kreditzins von 1,5 % aus. Die Unterschiede tun sich in den vereinbarten Tilgungsraten auf:

1 % = 89.218 € Restschuld
2 % = 78.436 €
3 % = 67.654 €
4 % = 56.823 €

Sie sehen, der Kreditnehmer, der mit 4 % Tilgungsrate in die zehn Jahre Laufzeit ging, hat beträchtlich weniger in der Anschlussfinanzierung zu regeln als derjenige mit 1 % Tilgungsrate. Er hatte allerdings währenddessen mehr zu entbehren, denn seine monatliche Rückzahlungsrate lag bei 458 € gegenüber derjenigen des Kreditnehmers mit niedriger Tilgung, der hatte nur 208 € monatlich aufzuwenden. Vergleichen Sie selbst mit einem der Online-Hypothekenrechner[7].

Nirgendwo sonst lohnt sich das Vergleichen zwischen Zinsen und Zinskonditionen so wie im Bausektor. Mehr als andere Faktoren entscheidet eine glückliche Finanzierung über Erfolg oder Misserfolg des großen Projektes. Pfusch am Bau können Sie allzeit besser wegstecken und ausbügeln.

7 https://www-zinsen-berechnen.de/hypothekenrechner.php

Bereitstellungszinsen und Bauzeitzinsen

Wenn Geld als Kredit bereitgestellt worden ist, aber nicht in vollem Umfang abgerufen wird, weil sich irgendetwas auf Seiten des Kreditnehmers verzögert, könnte ein Kreditgeber Bereitstellungszinsen verlangen. Er tut das mit dem Argument, dass er dieses Geld schließlich in der Zwischenzeit hätte verleihen können und dass er somit einen Einkommensausfall erleide. Bereitstellungszinsen sind also eine Art Verdienstausfallsentschädigung. Das können Sie natürlich nicht auf Wahrheitsgehalt überprüfen, aber die Rechtsprechung ist nun mal so, dies pauschal als gegeben anzunehmen. Die Bank muss also gar keinen Nachweis führen, dass sie X keinen Kredit geben konnte, weil das Geld schon für Sie geparkt wartete und derweilen unverfügbar war. Wenn Sie als Bauherr jeweils abgeschlossene Bauphasen mit einer Teiltranche belohnen, diese Bauphasen sich aber verzögern, kann es zu dieser Erhebung von Bereitstellungszinsen kommen. Innerhalb von vernünftigen Grenzen dürften Sie noch sicher davor sein, von einem Viertel- bis zu einem vollen Jahr. Bemessen werden diese Zinsen nach dem Betrag, der aktuell noch nicht vom Baukredit abberufen wurde. Gesetzlich festgelegt ist keine Höhe, deshalb unbedingt die Bank nach ihren Gewohnheiten auf diesem Gebiet befragen. Üblich sind 3 % pro Jahr oder 0,25 % pro Monat.

Das Gegenteil von Bereitstellungszinsen sind Bauzeitzinsen. Sie fallen an für jene Teile des Kredits, die bereits während der abgehakten Bauphasen und erfolgten Bauleistungen ausgezahlt worden sind. Berechnungsgrundlage hierfür sind die festgelegten Zinsen des eigentlichen Darlehens. Dabei kann es kreditinstitutsabhängig zu einem leichten Zinsaufschlag von maximal einem Prozent zu dem Zinsfuß des Gesamtdarlehens kommen. Im Lauf der Zeit wird durch Anwachsen der ausgezahlten Kreditportionen der Bauzeitzins immer größer und der Nährboden für Bereitstellungszinsen immer kleiner. Ihre Rolle als verantwortungsvoller Bauherr beschränkt sich hier darauf, es möglichst nie zu Verzögerungen in den Bauphasen kommen zu lassen, damit wenigstens keine Bereitstellungszinsen erhoben werden können. Sie könnten auch Ihren Einfluss bei den Verhandlungen in die Schale werfen, möglichst lange bereitstellungsfreie Zeiten auszubedingen, damit nicht gleich der Zinshammer kommt, wenn Ihre Bauarbeiter trödeln und eine Phase nicht fertig wird. Sollzinsen sind übrigens dasselbe wie Bauzeitzinsen. Sie sind steuerlich nicht absetzbar.

Finanzierungstücken und Beratungsfehler

Gut auch, wenn Sie die Bank dazu bewegen können, die Bauzeitzinsen nicht monatlich fällig werden zu lassen, damit es nicht zu einer Doppelbelastung für Ihre Familie durch Miete und Bauzeitzinsen der Baustelle kommt. Schlimm, wenn man deshalb eine Nachfinanzierung auf sich nehmen muss, die sich auch noch an Dispokreditzinsen orientiert – die bekanntlich viel höher sind. Doch das ist beileibe nicht die einzige Möglichkeit, schwere Fehler in der Finanzierung einzubauen oder etwas aus egoistischen Motiven des Banksachbearbeiters verordnet zu bekommen.

Etwa eine Finanzierung, die über eine Lebensversicherung aufgesetzt wurde, wie es lange üblich war. Lebensversicherungspolicen sind unrentabel geworden, weil ihre Auszahlungen nicht länger steuerfrei sind, gerade in einer Zeit der niedrigen Zinsen. Bei der Finanzierung über Lebensversicherung wurden während der Laufzeit des Baukredits keine Tilgungen vorgenommen, nur Zinsen wurden bezahlt. Daneben wird in die Lebensversicherung einbezahlt, die den Baukredit mit ihrer Auszahlung ablöst. Jedoch lässt sich die Auszahlungshöhe lediglich abschätzen, da sie von der Marktentwicklung abhängt. Die Rendite kann also hinter den Erwartungen zurückbleiben. Der einzige Wert, mit dem gearbeitet werden kann, ist eine Mindesthöhe der erwarteten Auszahlung und damit entsteht ein Rückzahlungsproblem des Baudarlehens. Ein Bundesgerichtshofsurteil zu diesem Thema führte dazu, dass diese Art der Finanzierung eines Bauvorhabens kaum noch angeboten wird.

Bankberater verkaufen gerne Bausparverträge zur Finanzierung des Bauvorhabens, in erster Linie, weil sie dadurch Vermittlungsprämien einstreichen – weniger, weil es Sinn machen würde. Eine Gesetzeslücke gestattet den Bausparkassen, mit Effektivzinsen zu werben, die irreführend sind. Kreditkosten von mehreren Tausend Euro werden dabei nicht genannt. Die Rede ist von „Kombikrediten" aus Baudarlehen und Bausparvertrag, bei denen monatlich nur Zinsen bezahlt werden, während in den Bausparvertrag Beiträge einbezahlt werden, ohne dass eine Tilgung stattfände. Erst wenn der Bausparvertrag zugeteilt würde, löst der Kunde das sogenannte Vorausdarlehen ab und zahlt Raten des Bauspardarlehens ab, mit Zins und Tilgung. Bei den Angaben für die Effektivzinssätze des Vorausdarlehens und des anschließenden Bauspardarlehens ist der Sparbeitrag für den Bausparvertrag nicht enthalten. Was bedeutet, dass der Effektivzins der Kombikredite so gut wie immer über demjenigen der beiden Kreditteile liegt.

Kommt hinzu, dass die Bindung des Sollzinses des Vorausdarlehens an seinem Ende anlangt, lange bevor der Bausparvertrag zuteilungsreif ist. Das bedeutet ein erhebliches Zinsänderungsrisiko. Sondertilgungen sind beim Kombikredit oft gar nicht möglich, während man lediglich in den niedrig verzinsten Bausparvertrag einbezahlen darf. So kommt keine echte Schuldverringerung oder eine Einsparung von Kreditzinsen zustande.

Obwohl Sie in der Lage wären, eine höhere Tilgungsrate zu tragen, und – wie wir gesehen haben – später mit weniger Restschulden leben müssten, pflegen Banksachbearbeiter gern Kreditverträge zu verkaufen, die unnötig lange laufen und eine geringe Tilgungsrate besitzen, dazu ohne Sondertilgungsrecht. Es sind die niedrigen monatlichen Raten dabei, die vielen Kreditnehmern gefallen, ein leichteres Leben versprechen und die Sicht auf die Probleme danach ausblenden.

Die Förderdarlehen der KfW (Kreditanstalt für Wiederaufbau) werden gerne ignoriert, obwohl diese in der Lage sind, bis zu 30 % der Hauskosten zu übernehmen und von jeder Bank beantragt werden können. Da die Zinssätze der KfW zwischen 0,3 und 0,5 % unter denen der Banken liegen, verkaufen diese lieber ihre eigenen Kredite. Durch diesen Verzicht können Bauherren 2.000 € Zinsen mehr bezahlen als mit einem KfW-Förderdarlehen mit zehnjährigem Festzins.

Freuen Sie sich auch nicht zu früh über einen Baukredit, der höher ausfällt, als Sie ihn sich erhofft hatten. Wer zu viel bewilligt bekommt, hat auch mehr abzutragen. Bankberater möchten dazu möglicherweise die hohen Kredite mit einem Zinsaufschlag honoriert sehen.

Beratungsfehler sind anzutreffen, wenn der Bankberater nur die Belastung im ersten Jahr der Finanzierung darlegt, aber nicht die Änderungen später berücksichtigt. Risiken nach Ablauf der Zinsbindung werden einfach nicht angesprochen, stattdessen wird mit dem niedrigen Zinssatz der Anfangszeit weitergerechnet.

Sie sollten darauf achten, das „Europäische Merkblatt" überreicht zu bekommen. Das enthält die detaillierten Konditionen, die Ihnen der Banksachbearbeiter vielleicht nicht ausbreiten wird.

Wenn sich hinterher doch Lücken auftun …

Was können Sie tun, wenn sich Ihre Finanzierung hinterher (also bewilligt, ausbezahlt und mitten im Projekt befunden) als unzureichend erweist? Sie werfen einige Vorhaben über Bord, die von Firmen erledigt werden sollten, und schalten auf Eigenleistung um! Gerade was sich auf später verschieben lässt, wie die Außenanlagengestaltung, kann so zunächst mal freigestellt werden und fällt als Kostenpunkt weg. Das ist die Gelegenheit, um über sich selbst hinauszuwachsen. Bis zu diesem Zeitpunkt haben Sie bestimmt schon Bekanntschaften mit Leuten vom Bau geschlossen und können sich Instruktionen holen, wie dies oder das gemacht werden sollte. Selbst wenn Sie sich früher nicht hätten vorstellen können, solche Aufgaben zu meistern: Pflasterarbeiten zum Beispiel sind gar nicht so schwer, wenn man sich das Basiswissen über den Bodenschichtenaufbau erworben hat und einen Gummihammer schwingen kann, um Formsteine so aneinanderzulegen, dass es eine Fläche ergibt, idealerweise mit leichter Neigung zu der Seite, wo es einen Bodeneinlauf gibt – falls überhaupt vorhanden. Gerade bei diesen Eigenleistungen können Sie eine weitere Einsparungsmöglichkeit auftun: durch den Kauf von Secondhand-Baumaterial. Ja, das gibt es. Erwähnte Pflastersteine – wer sagt, dass diese neu sein müssen und beim Fachhandel für gutes Geld gekauft? Schauen Sie sich um auf Gebrauchtmaterialbörsen, womöglich bekommen Sie ein paar Anhängerladungen voll gebrauchter Pflastersteine (umsonst?), die verlegt kaum anders aussehen als die neuen aus dem Handel. Andere Bauherren, die fertig geworden sind, haben sicher Mengen an überschüssigem Baumaterial abzugeben, für wenig Geld oder gar geschenkt, weil sie froh sind, es loszuwerden. Ob das Grau der gebrauchten Pflastersteine jetzt ein etwas anderes ist als jenes der Steine aus dem Baumarkt – ist doch egal. Was zählt, sind die tausend Euro mehr in Ihrer Tasche.

Gehen Sie alle anfälligen Arbeiten und Anschaffungen durch und diskutieren Sie notfalls mit Ihrem Bauleiter, was davon durch eine preiswertere Variante ersetzt oder „auf später" verschoben werden kann, ohne dass es den Bau selbst gefährden würde. Ist Ihr Bauleiter ein netter kooperativer Kerl und versteht etwas vom Fach, kann er Ihnen noch andere Einsparmöglichkeiten nennen.

Vor dem Loslegen zu beachten

Die graue Theorie und Planung hätten Sie nun absolviert und Sie gieren danach, sich in die Ausführung des Projektes zu stürzen. Ein spannender Moment. Schauen wir rasch, ob wir auch wirklich bereit sind und an alles gedacht haben.

Versicherungen

Achten Sie darauf, Ihre gewünschten Versicherungen unter Dach und Fach zu haben, ehe es mit dem Bau wirklich losgeht. Wie immer bei Versicherungen lohnt sich der Vergleich zwischen den Anbietern nicht, ohne den Blick auf ihren Leistungsumfang zu richten.

(1) Bauherrenhaftpflichtversicherung
(2) Feuer-Rohbau-Versicherung – Wohngebäudeversicherung
(3) Bauleistungsversicherung
(4) Bauhelfer-Unfallversicherung
(5) Haftpflichtversicherung für das unbebaute Grundstück
(6) Baufertigstellungsversicherung
(7) Baugewährleistungsversicherung

Bei den Kosten haben wir bereits einige Worte im Kapitel zu den Baunebenkosten zu den Inhalten der beiden populärsten Bauherren-Versicherungen verloren. Zur Erinnerung:

Die **Bauherrenhaftpflichtversicherung** soll dem Bauherren Risiken abnehmen, die im Zusammenhang mit dem Bau anfallen. Dass Fremdfirmen den Bau durchführen, spielt dabei keine Rolle. Sie gilt bis zur Gebäudeabnahme, ihr Preis richtet sich nach der Bausumme.

Die **Feuer-Rohbau-Versicherung und Wohngebäudeversicherung** soll Brände, Explosionen oder den Einschlag eines Blitzes mit der Vernichtung von bereits erbrachten Bauleistungen abdecken. Kann sein, dass Ihre Bank diese sogar zur Vorbedingung macht, ehe sie überhaupt einen Baukredit freigibt. Greift man zu der Wohngebäudeversicherung (für später), ist die Rohbau-Versicherung gegen Feuergefahren mit enthalten.

Die **Bauleistungsversicherung** übernimmt den anderen großen Feind des Baufortschritts: Wasser. Sie kann aber noch mehr: Sie soll absichern gegen Vandalismus auf Ihrer Baustelle oder fahrlässige Schäden, die die Bauarbeiter an der Substanz anrichten. Abgedeckt sind Bauleistungen, Bauteile für Rohbau, Ausbau und Umbau sowie Baustoffe. Selbst fest verbaute Gebäudeteile können gegen Diebstahl dadurch versichert werden. Die Dauer wird über die gesamte Bauzeit sein, maximal ein oder zwei Jahre. Auch hier definiert die Bausumme die Höhe des Versicherungsbetrags, üblich ist ein Selbstbehalt, ähnlich der Selbstbeteiligung bei einer KFZ-Teilkasko.

Die **Bauhelfer-Unfallversicherung** soll für Ihre Helfer bei den Eigenleistungen Sicherheit schaffen. Schließlich sind diese Helfer in der Regel Laien und ungeschult, was Gefahren angeht. Da passiert eher etwas als unter professionellen Bauarbeitern. Arbeitsunfälle und Unfälle auf dem Weg zur Baustelle werden also abgedeckt. Keine Rolle spielt, ob der Bauhelfer bezahlt wird oder nicht oder wie oft er hier arbeitet. Als Bauherr müssen Sie die Helfer nur bei der Berufsgenossenschaft der Bauwirtschaft anmelden. Sind das dann umfangreiche Hilfsleistungen, können Beiträge für die Berufsgenossenschaft fällig werden. Es tangiert zwar nicht Ihre Bauhelfer-Unfallversicherung, wenn Sie das unterlassen, aber man könnte Ihnen dann ein Bußgeld aufbrummen. Sie selbst und Ihr Ehepartner sind allerdings nicht inbegriffen. Klären Sie die Konditionen genau ab, denn selbst nahe Verwandte (die häufigsten Bauhelfer bei Eigenleistungen) könnten ausgeschlossen sein.

Die **Haftpflichtversicherung für unbebaute Grundstücke** behandelt Ihr Grundstück, noch ehe der erste Spatenstich stattfindet oder der Bagger eintrifft. Es geht darum, die Verkehrssicherungspflicht eines Besitzers/Bauherrens abzufedern, die sonst zu Zahlungen im Schadensfall führen könnte. Das kann schon passieren, wenn im Winter nicht gestreut wurde und jemand am Grundstück hinfällt oder Äste vom Grundstück auf fremden Besitz fallen und Schäden verursachen. Die Versicherung ist eigentlich nur interessant, wenn mit dem Baubeginn gewartet wird oder eine Bebauung noch gar nicht geplant ist.

Die **Baufertigstellungsversicherung** soll absichern gegen eine Pleite Ihres Bauträgers, wenn Sie gezwungen sind, andere Bauunternehmen zu beauftragen, für den insolventen Generalunternehmer einzuspringen und Ihr Haus fertigzustellen. Das geht ja nicht ohne Mehrkosten. Eine Baufirma, die pleitegeht, steht still und ist in Auflösung begriffen. Womöglich fallen ihre Gläubiger auf der Baustelle ein und sichern sich Vermögenswerte. Die Versicherung sollte in dieser Situation mit Geldleistungen einspringen und Ersatzbaukräfte bereitstellen. Oft schließt der Bauträger sie selbst ab und lässt sie indirekt durch Sie bezahlen, sie kostet maximal 2 % der Bausumme. Das mag Ihnen aufstoßen, ist aber eigentlich ein gutes Zeichen für die finanzielle Situation dieses Bauträgers, da die Versicherer solche Versicherungsnehmer prüfen, ehe sie sie akzeptieren (augenscheinlich eher, wenn das Risiko geringer ist, dass der Schadensfall eintreten wird).

Die **Baugewährleistungsversicherung** soll gegen Mängel am Bau versichern. Dazu setzt die Versicherung Gutachter ein, die das Bauvorhaben begleiten, was gut als Qualitätskontrolle wirken sollte. Das Haus wird bis zu fünf Jahre nach Fertigstellung dadurch geschützt. Versicherer und Bauträger wirken dabei zusammen, Sie als Bauherr werden kaum dabei involviert werden. Dies ist ein brauchbares Werkzeug, wenn Defekte erst nach der Abnahme entdeckt werden. Der Bauträger sollte fast noch mehr als Sie selbst daran interessiert sein, eine Baugewährleistungsversicherung zu haben, denn wenn Nachbesserungen und Schadensbehebungen von jemandem verlangt werden, dann von ihm und zu seinen Lasten. Fragen Sie ihn, ob er eine abgeschlossen hat.

Beantragungen – was bei wem?

Behörden und die Anbieter von Medien sind die Adressaten für Ihre Anträge rund um den Hausbau. Die Finanzierung wird wohl schon bewilligt sein, für die hatten Sie der Bank das Bauleistungs-verzeichnis vorgelegt.

- Die Baubeginnanzeige wird beim kommunalen Bauamt bis zu eine Woche vor Baubeginn eingereicht. In Regionen, wo die Bebauung nicht genehmigungspflichtig, sondern nur anzeigepflichtig ist, reicht das bereits aus. Zum Beispiel in Niedersachsen.
- Der Anschluss an das Kanalsystem muss beim Tiefbauamt beantragt werden. Gibt es noch keinen Kanal in 30 Metern

Nähe, muss dieses wohl erst einen zu Ihrem Grundstück heranführen.

- Sie bemühen den örtlichen Netzbetreiber um einen Anschluss an das Stromnetz.
- Sie müssen sich um den Anschluss an das Trinkwasserleitungsnetz über die örtlichen Wasserwerke kümmern. Es kann wie beim Kanalbau nötig sein, aus einiger Entfernung erst eine Leitung heranzuführen, meist liegt sie jedoch bei bestehender Straße bereits vorbereitet unter dem Asphalt auf Höhe Ihres Grundstücks.
- Haben Sie vor, mit Gas zu heizen, fragen Sie beim örtlichen Gasversorger nach einem Gasanschluss. Das ist nichts, was irgendein Bauunternehmen machen kann, wegen des Sicherheitsrisikos. Der Gasversorger wird darum einen eigenen Fachbetrieb beauftragen mit den Arbeiten vor Ort.
- Es gilt, Telefon und Internet beim Netzbetreiber zu beantragen, meist der Telekom. Für Glasfaserleitungen kann das auch eine andere Spezialfirma sein. Gegenwärtig unternimmt die „Deutsche Glasfaser“ die Verkabelung ganzer Dörfer und wirbt dabei gleich darum, den Bewohnern als künftiger Provider Internet und Kabelfernsehen anzubieten. Sich darum zu kümmern, wird so früh wie möglich empfohlen, da Telekommunikationsunternehmen im Ruf stehen, Monate für die Bearbeitung Ihres Anschlussgesuchs zu benötigen. Kabelanschluss, Glasfaser oder gleich beides können Sie schon zu Zeiten der Bauanzeige beantragen, um die Wartezeit zu verkürzen.
- Der Bauantrag fragt bei der unteren Bauaufsichtsbehörde der Gemeinde um Erlaubnis, den Hausbau wie beschrieben eingereicht anzufangen. Dort prüft man ihn auf seine

Vereinbarkeit mit dem Bebauungsplan der Gegend. Wo es nur die Bauanzeige braucht, kann auf den Bauantrag verzichtet werden. Für Bauanträge gibt es Formulare beim Bauamt, aus denen hervorgehen sollte, was alles enthalten sein soll: Berechnungen, Lageplan, Höhenplan, Entwässerungspläne, Bauzeichnungen (alles dreifach ausgefertigt). Dann Erklärungen der Sachverständigen und Statiker, Nachweise zu Standsicherheit, Schallschutz und Wärmeschutz, Erhebungsbogen für die Bautätigkeit, Nachweis des Statikers, dass er in der Liste der Ingenieurkammer für Entwurfsverfasser eingetragen ist (dies alles in einfacher Ausfertigung).

- Immer dann, wenn Sie den öffentlichen Verkehrsweg verstellen müssen, sollte das vorher beantragt werden: für einen Spezialtransport, für einen Baukran oder wenn mangels Platz auf dem Grundstück gleich ein Bauwagen oder Baucontainer dauerhaft auf der Straße abgesetzt werden muss, bis der Bau abgeschlossen sein wird.
- Der Abbruch von Altgebäuden muss auch beantragt werden. Dabei kommt auch das Thema der Abfallentsorgung auf den Tisch.
- Haben Sie eine Erdwärmeheizung geplant, braucht es dafür eine Erdwärmesondenbohrung – und diese muss beantragt werden. Das ist sogar interessant, weil es staatliche Förderung für diese Art der Heizungsanlage gibt.
- Verzichten Sie auf eine Einleitung von Regenwasser vom Grundstück in die Kanalisation, sondern beabsichtigen, es versickern zu lassen, braucht es dafür einen Antrag bei den Behörden. Der Boden soll nämlich genügend wasserdurchlässig (Vorsicht bei Lehmboden) und ausreichend groß sein für eine Versickerung. Normalerweise sind

Anwohner verpflichtet, Abwasser den Gemeinden (über die Kanalisationseinführung) zu überlassen. Für die dezentrale Beseitigung, wie das Versickern eine darstellt, braucht es als Ausnahme von dieser Regel eine Erlaubnis – daher der Antrag.

Vorarbeiten, die abgeschlossen sein sollten

- Die Beschaffenheit des Untergrundes ist festgestellt worden, die Tragfähigkeit des Bodens wurde untersucht und man weiß, in welcher Tiefe das Grundwasser zu finden ist.
- Die Versickerung für das Oberflächenwasser wurde eingerichtet, wenn nicht von Anfang an ein Ablauf in die Kanalisation hergestellt werden kann. Das wird wohl ein Sickerschacht sein, in dem provisorisch Abwasserrohre enden und von wo ins Erdreich versickert wird.
- Objekte, die dem Bauen im Wege stehen, werden abgeräumt. Es kann sein, dass bestimmte Bäume nicht gefällt werden dürfen, weil sie nach einer gültigen Ortssatzung geschützt sind.
- Reste alter Bebauung werden zerlegt und in Schuttcontainer verbracht, die ein Entsorgungsunternehmen wegfährt. Bei größeren Gebäuden kann der Zerstörungsaufwand ganz schön groß sein und schweres Gerät erforderlich machen, besonders wenn Beton verbaut wurde. Abrissbagger und Presslufthämmer machen viel Lärm und Sie können diese nicht beliebig einsetzen lassen, ohne es sich mit den Nachbarn zu verderben.
- Lassen Sie Ihr Grundstück gut absperren mit einem Zaun, einem verschließbaren Tor und mit Beschilderung, damit Lieferanten den Weg zur Baustelle finden.

- Eine Baustellentoilette ist aufzustellen. Dafür gibt es Spezialunternehmen, die fertige Kunststoffhäuschen per LKW heranbringen und abstellen.
- Nicht nur für den Abraum einer früheren Grundstücksnutzung, sondern auch später im laufenden Betrieb der Baustelle braucht es ein Entsorgungskonzept für Bruchsteine, ausgehärtete Mörtelreste, Verpackung und so weiter. Ein Containerdienst stellt einen Behälter, der auf Anruf gegen einen leeren ausgetauscht wird. Die Vorsortierung des Mülls oder Schutts hat großen Einfluss auf die Kosten. Alles zusammen in einen Container zu werfen, ist recht teuer, besser sind welche mit Sortentrennung. Der Containerdienst beantwortet Fragen dazu.
- Für das Aufstellen eines Baukrans braucht es einen vorbereiteten Platz, der vielleicht etwas geebnet werden muss. Oder Absperrungen mit Genehmigung, wenn er auf der Straße stehen muss.
- Der Vermessungsingenieur hat die Ecken der Baugrube abgesteckt und die Aushubtiefe vorgeben. Das wird Grobabsteckung genannt. Darauf folgt nochmal eine genauere Messarbeit, bei der die Angaben aus den Plänen genau ins Gelände übertragen werden – in der Feinabsteckung.
- Wir wollen annehmen, dass jetzt Baustrom auf der Baustelle vorhanden ist. Die Elektrizitätswerke haben dafür eine Leitung vom nächsten Stromkasten oder dergleichen herbeigeführt. Ist das noch nicht der Fall oder lässt auf sich warten, können Sie eine Weile mit einem Stromgenerator arbeiten, aber der kommt rasch an seine Grenzen. Auf der Baustelle werden 400 Volt gebraucht für viele Profigeräte, wie auch für den Kran.

Was ist der Aufgabenbereich Ihres Architekten?

Niemand kann von Ihnen erwarten, dass Sie sich im Bauwesen wie ein Profi auskennen, selbst mit Ratgebern und Büchern wie diesem hier nicht. Sie brauchen eine Vertrauensperson vom Fach, die Sie betreut und Ihre Interessen wahrnimmt. Das ist der Architekt, der auch Ihr Haus geplant hat und jetzt seine Errichtung begleiten sollte. Wenn der Bauleiter der Gewährsmann des Bauträgers auf der Baustelle ist, ist der Architekt als Baubetreuer der Ihre. Idealerweise übernimmt er zusammen mit dem Bauleiter die Organisation des Bauablaufs und regelt für Sie Dinge, die dem Bauherren obliegen. Er reicht als „Bauvorlagenberechtigter" die Pläne auf dem Amt ein und haftet für die Richtigkeit der Planungseinzelheiten, die Statik und die Einhaltung von Vorschriften und Sicherheitsbestimmungen. Er kann zwar Teile davon an andere Baufachleute delegieren, wie die Statik an den Fachingenieur für Statik, aber das entbindet ihn nicht davon, die Beiträge zu prüfen und abzusegnen. Bei einem Bauträger mit umfassenden Leistungen kann es sein, dass diese Firma im Rahmen Ihres Komplettangebotes Ihnen den Architekten stellt und Sie keinen von außerhalb einbringen. Das ist alles Sache von Absprachen. Bei Fertighäusern ist sowieso schon alles vorgeplant und braucht kaum durch einen herangezogenen Architekten aufgearbeitet und angeglichen werden.

Architekt und Bauingenieur sind geschützte Berufsbezeichnungen, dazu müssen sie von ihren Berufskammern autorisiert sein, Pläne auf Ämtern einreichen zu dürfen. Für die Prüfung ihrer Befugnisse sind diese Profis mit Nummern registriert und signieren ihre Pläne mit entsprechenden Stempeln.

Der Bauleiter dagegen braucht nicht akkreditiert zu sein, es kann sich bei ihm auf kleineren Baustellen auch um einen Bautechniker oder Polier, einen (ersten) Meister in einem Bauberuf, handeln. Für größere Baustellen als ein Einfamilienhaus ist der Polier aber nicht ausreichend qualifiziert und es braucht einen Bauingenieur für die Bauleitung.

Der Architekt reicht Ihre Pläne auf dem Bauamt ein und sorgt dafür, dass alle Papiere vollständig und in vorgesehener Anzahl an Kopien (grüne, rote, gelbe Bauantragsmappe: eine für Sie, eine für die Gemeinde, eine für die Bauaufsicht) vorhanden sind, damit aus der Bauanzeige bald eine erteilte Baugenehmigung (wo nötig) wird. Er als Objektplaner unterschreibt, dass er das Bauvorhaben an den vorliegenden Bebauungsplan adaptiert hat. Mit dieser Zusage haben Sie eine Vereinfachung des Genehmigungsverfahrens, wo das regional möglich ist.

Hoffen wir, dass er einen guten Draht zum Bauleiter auf der Baustelle findet und die Chemie zwischen den Profis stimmt. Kompetenzstreitereien und Eifersüchteleien können Sie nicht gebrauchen.

Vom Architekten können Sie erwarten, dass er ab und zu Kontrollbesuche auf der Baustelle macht und nachprüft, ob seine Planungen auch werksgetreu verwirklicht wurden. Er erhebt keine Fantasiehonorare, sondern richtet sich nach der Honorartabelle des HOAI. Seine abzurechnenden Tätigkeiten schlüsselt er gewöhnlich auf nach:

- Grundlagenermittlung (die Gespräche mit Ihnen, in denen Sie Ihre Wünsche artikulieren)
- Vorplanung
- Entwurfsplanung
- Anlage der Baugenehmigung

- Werksplanung (detailliert)
- Vergabe-Vorbereitung
- Bauüberwachung
- Schlussdokumentation

Eine Bauvoranfrage können Sie noch ohne Architekten an das Bauamt richten. Sie bekommen als Antwort Auskünfte zur Bebaubarkeit des Grundstücks und die Vorschriften dazu. Dabei geht so viel Bearbeitungszeit verloren wie für den eigentlichen Bauantrag (der ohnehin nachfolgt), weshalb Sie sich diesen Schritt bei Vorhandensein eines qualifizierten Bebauungsplans schenken können.

Können Sie die Bauanzeige und die Formalitäten irgendwie beschleunigen? Eigentlich nur, indem Sie und Ihr Architekt darauf achten, dass alle Dokumente bei Einreichungen komplett und tadellos ausgefertigt sind. Danach hängt es vom Bauamt Ihrer Gemeinde ab, das für Bauantragsbearbeitung und Baugenehmigung zwischen drei und sechs Monaten braucht. Den Leuten dort durch wiederholtes Nachfragen auf die Zehen zu treten, könnte den gegenteiligen Effekt haben. Die einzige Abkürzung ist, nach einem „vereinfachten Baugenehmigungsverfahren" zu fragen (in Kommunen, wo ein Bauantrag nötig ist und keine Bauanzeige ausreicht). Was das ist? Ein vereinfachtes Baugenehmigungsverfahren, bei dem nicht alle Punkte des Antrags tatsächlich geprüft werden. Wenn es sich nicht um einen Sonderbau handelt, stehen die Chancen gut, dass die Baubehörde sich darauf einlässt. Die Wartezeit ist dann geringer. Weniger umfangreich ist das Bauantragsmaterial deshalb aber nicht.

Haben Sie dann Ihre Baugenehmigung erhalten, ist diese für drei Jahre gültig.

Ein Baubetreuer oder Baugutachter?

Wirklich unabhängig vom Bauträger oder Generalunternehmer bleibt ein von Ihnen beauftragter Baubetreuer, der ebenfalls ausgebildeter Architekt und identisch mit dem Planer Ihres Hauses sein kann. Das ist eine Vertrauensposition. Es ist nicht gut, wenn Sie sich nur auf Leute verlassen, die Ihrem Bauträger verpflichtet sind. Das bietet Möglichkeiten, Probleme vor Ihnen zu vertuschen. Haben Sie Ihren Mann auf der Baustelle und er versteht sein Fach, wird er Ihre Interessen wahren und Probleme ansprechen. Löst man sie nicht, wird er Ihnen hoffentlich berichten. Sie sind schließlich die Instanz, die Bauphasen mit Teilzahlungen absegnet. Baubetreuer findet man auch auf Baustellen, die ohne Bauträger vom Bauherren selbst organisiert werden und auf denen der Baubetreuer im Namen des Bauherren Handwerker direkt verpflichtet und koordiniert, wobei die Gewinne eines Generalunternehmers oder -übernehmers nicht anfallen, was den Bau mit einem Baubetreuer statt Bauträger gewöhnlich billiger macht. Aber das ist nicht Gegenstand unseres Buches, welches ja vom Bauen mit Bauträger handelt. Gleichwohl können Sie Ihren Architekten als Baubetreuer weiter verpflichten.

In einem Baubetreuungsvertrag wird festgelegt, was der Baubetreuer für den Bauherren zu tun hat. Das Ziel ist, ein fertiges Bauwerk zu übergeben. Es kann dabei Unterscheidungen zwischen einer technischen und einer wirtschaftlichen Betreuung geben, oder eine Mischform derselben. Technisch zu nennen wäre eine Betreuung mit (1) Vorbereitung und Abgabe von Genehmigungen, (2) Ausschreibung von Arbeiten, (3) Leitung des Bauvorhabens, (4) Bauabnahme, (5) Durchsetzung von Gewährleistungsansprüchen. Wirtschaftliche Baubetreuung wäre:

(1) finanzielle Planung des Bauprojektes, (2) Fördermittel beantragen, (3) steuerliche Vorteile sichern, (4) Preisverhandlungen, (5) Zahlungen für den Bauherren vornehmen.

Der Baugutachter ist eine Institution, die der Neutralität verpflichtet ist. Er arbeitet also nicht für den Bauträger und streng genommen auch nicht für Sie, sondern ist seiner Expertise verpflichtet. Natürlich nützt er vor allem Ihnen, da er Ihnen ja Fehler aufzeigen soll. Er ist ein Bausachverständiger, der Baumängel und Schäden während des Bauens selbst, also so früh wie möglich, aufdecken soll und ihre Beseitigung anmahnt. Bei kritischen Fehlern oder Mängeln mit Folgeschäden kann sich der Baugutachter recht bald bezahlt machen. Er kann zusätzlich qualifiziert sein für die Energieberatung und die Thermografie (aufzeigen, wo die Wärmeverluste Ihres Hauses stattfinden, und Maßnahmen zur besseren Wärmedämmung anraten).

Die Funktionen eines Baubetreuers, Baugutachters und selbst des begleitenden Architekten sind nicht klar voneinander getrennt und können sich überschneiden. Eine Personalunion ist möglich, wenn auch das Gebot zur Neutralität sich dann nicht wirklich aufrechterhalten lässt. Extern verlangte Gutachten, wie etwa zu Versicherungsfragen, könnten den Neutralitätsstatus und somit einen von außen hinzugezogenen Fachmann zwingend erforderlich machen.

Der Bauleiter

Einer muss auf der Baustelle das Sagen haben und den Ton angeben: das sind der Bauleiter und sein Vorarbeiter, der Polier. Wenn Sie den Bauleiter nicht antreffen sollten, dann ist wenigstens der Polier sein Stellvertreter und Ihr Ansprechpartner. Wie gesagt, auf kleineren Baustellen wie der Ihres Familienhauses können der Polier und der Bauleiter ein und dieselbe Person sein. Im Prinzip kennt sich keiner auf Ihrer Baustelle so gut aus wie er. Schon deshalb ist ein gutes Verhältnis zum Bauleiter ein Teil des Erfolgsprinzips Ihres Bauvorhabens; besonders wenn sich Ihr Architekt ebenso gut gelaunt hinzugesellt.

Der Bauleiter organisiert alle Bauabläufe, hat einen Terminkalender an der Wand seines Baucontainers und weiß, welcher Lieferant wann mit welcher Ware vorbeikommt. Er interagiert mit den Subunternehmern der einzelnen Gewerke, weist sie ein und schaut ihnen über die Schulter, ob sie auch ihre Leistung gut und zeitig abliefern. Beim Bau mit Bauträger ist er Ihnen jedoch nicht direkt unterstellt, sondern seinem Brötchengeber, dem Bauträger oder Generalunternehmer, welcher ihn eingesetzt hat. Er nimmt darum nicht Anordnungen von Ihnen direkt an. Haben Sie aber ein gutes Verhältnis zu ihm, wird er sich Ihren Bitten nicht verschließen. Er möchte auch keinen Stress haben, indem Sie beim Bauträger gegen ihn protestieren. Doch es gibt solche und solche Charaktere. Ist er ein cholerischer Typ, wird er Eingriffe in seinen Verantwortungsbereich nicht dulden und könnte Schwierigkeiten machen, auch gegenüber Ihrem Architekten oder Baubetreuer, mit dem er nicht einverstanden sein könnte. Gibt es Spannungen, steigt das Risiko, dass es zu Verzögerungen oder

Unterlassungen kommt, was letztendlich Ihrem Haus schadet. Am Ende sind immer Sie derjenige, der draufzahlt. Lassen Sie es sich darum angelegen sein, den Bauleiter, so Sie schon keinen Einfluss auf seine Nominierung haben, bei guter Laune zu halten. Bringen Sie ab und zu einen Kasten Bier mit auf die Baustelle, wenn Sie Besuche machen. Bauleute mögen solche Gesten und die Arbeit geht leichter von der Hand.

Die Bauphase beginnt

Bauphase? Eigentlich sind es *viele* Bauphasen. Und jede einzelne wird nach Vertrag mit ihrem Abschluss eine Teilzahlung von Ihnen als Bauherren an den Bauträger auslösen. Daher sind sie genau vertraglich definiert.

Grob unterschieden werden die Rohbauphase und die Innenausbauphase. Sind alle Etappen überstanden, schließt die Bauabnahme das geschäftliche Verhältnis zwischen Bauträger und Bauherren ab – wenn nur keine Nachbesserungen nötig werden.

Viele Bautätigkeiten bauen sinngemäß aufeinander auf und sind vor Fertigstellung der darunter liegenden Stufe nicht denkbar. Verzögerungen können eine echte Kettenreaktion auslösen.

Rohbau

(1). Nach dem Aushub der Grube werden diffusionsdichte Folien ausgelegt, die Entwässerungskanalisation verlegt und das Fundament gegossen. Bei Planung eines Kellers entsprechend tief, ohne Keller wird nur so weit Grund abgetragen, wie Nivellierung und Entfernung von losem Mutterboden es nötig machen. In kalten Klimazonen ist die Mindesttiefe größer als in wärmeren, mindestens jedoch werden 80 cm Aushubtiefe als nötig angesehen. Es gibt technische Lösungen, bei denen noch vor der Fundamentplatte eine Wärmedämmungsschicht verlegt wird.

(2). Bei einem problematischen Untergrund würde man Stahlbetonpfähle als Tiefgründung in den Boden einragen lassen.

Das Fundament selbst wird gut mit Eisenbewehrung verstärkt und mit Beton ausgegossen. Nach dem Aushärten dieser Betonfundamentplatte, die an den bekannten Stellen stärkerer Auflast in der Tiefe Verstärkungen besitzen kann oder ganz als Streifenfundament ausgeführt ist, werden die Kellerwände hochgemauert, wozu wegen ihrer hohen Steindruckfestigkeit gerne Kalksandsteine verwendet werden.

(3). Auf die Kellerwände folgt die Geschossdecke, die das Erdgeschoss tragen wird. In einem Haus ohne Keller ist das freilich immer noch die Fundamentplatte. Darauf folgen Wände des Erdgeschosses, wieder eine Geschossdecke, je nach Planung vielleicht noch ein zweites Geschoss, noch eine Geschossdecke und schließlich die Dachkonstruktion. Beim Bungalow ist das wieder eine Betondecke. Ein traditionelles schräges Dach (Satteldach und andere) erhält eine klassische Holzbalkenkonstruktion für die Dachpfannenverlegung. Im Haus werden die Treppen meist ebenfalls aus Beton hergestellt, sie können aber auch eine leichtere Metall- oder Holzkonstruktion sein.

Diese Rohbauphase dürfte etwa fünf Wochen brauchen. Üblicherweise wird der Abschluss des Rohbaus mit einem „Richtfest" gefeiert, bei dem Sie die Bauarbeiter bewirten müssen. Und wieder fließt viel Bier.

Innenausbau

Nach dem Eindecken des Hausdaches ist erst mal Schluss mit Hineinregnen; dies ist eine wichtige Voraussetzung, um innen arbeiten zu können, ohne dass alles gleich wieder durch Feuchtigkeit ruiniert wird. Feuchtigkeit ist überhaupt das große Thema, sie entsteht überall beim Abbinden der diversen pastös oder flüssig eingebrachten Materialen, weshalb sogar Trockenmaschinen aufgestellt werden, um das Austrocknen zu beschleunigen. Estriche bedecken den rauen Betonboden, Putze werden auf die Wände aufgetragen, nachdem die Rohre und Leitungen für Elektro- und Wasser-/Abwasserversorgung verlegt wurden. Türen und Fenster werden eingebaut. Sind die (nicht tragenden) Innenwände nicht gemauert, werden sie in Trockenbauweise aus Gipskartonplatten auf Unterkonstruktionen montiert. Bäderausstattung, Fliesenlegen, Elektroinstallation, Heizung ... alles wird montiert. Je nach Leistungsbeschreibung kann der Innenausbau beim schlüsselfertigen Bauen bis zum Verlegen von Teppichboden und Tapezieren der Wände gehen, so dass man anschließend nur noch einziehen braucht.

Neben der Gestaltung der Außenanlagen ist der Innenausbau der Bereich, wo Sie mit Eigenleistungen am ehesten mitwirken und Ausgaben sparen können. Das ist hoffentlich schon früher eingeplant worden und wird nicht erst jetzt beschlossen. Sie erinnern sich; es war ein Einsparungsinstrument bei der Finanzierung des Hausbaus und ein Element beim Festlegen der Bauleistungen.

Jetzt noch Wünsche anmelden?

Was da im Einzelnen an Materialien und den Features zu erwarten ist, dürfte keine Überraschung sein, denn Sie haben bei der Bemusterung Ihre Wahl getroffen. Im Idealfall wird alles haarklein genauso geliefert und hergestellt, wie besprochen. Wenn Sie es sich noch anders überlegen, ehe das Material ankommt und eingebaut wird, dann wird das extra kosten. Solche späten Abänderungen verzögern auch die Fertigstellung, denn der Bauträger muss die neue Auswahl erst mal besorgen und hat sie nicht fertig in seinem Lager liegen. Es wäre reichlich spät, sich jetzt erst Gedanken zu machen zu der Verteilung von Steckdosen und Lichtschaltern. Zu der Wahl einer Dusche statt der Badewanne. Oder überhaupt erst jetzt mit der Küchenplanung (Abwasserrohre, 400 Volt für den Herd, Abzug der Abzugshaube nach draußen usw.) anzufangen. Das hätten Sie viel früher, schon bei der Planung des Hauses durch den Architekten, ansprechen und verfügen sollen. Zu dem Zeitpunkt wurden nämlich die Detailpläne für die diversen Gewerke gefertigt und solche Dinge wie die Steckdosenverteilung im Haus überdacht und vorgesehen, im Gespräch mit Ihnen. Wurde clever geplant, sind Reserven vorgesehen und können wenig aufwändig aktiviert werden. Zum Beispiel eine Wasserleitung in den Garten, während man noch gar nicht weiß, ob man sie brauchen wird. Oder Verkabelungen in der Wand, deren Enddosen zunächst mal unter dem Putz bleiben, aber freigelegt werden können für zusätzliche Stromverbraucher, falls nötig. Ein schwieriges Unterfangen wäre, später einmal Deckendurchbrüche machen zu müssen, die nicht vorgeplant waren. Da kann es nützen, für den Fall der Fälle eine Aussparung zu viel für einen Versorgungsschacht vorzusehen und beim Gießen der Decke frei zu lassen. Wird er nie benutzt, ist es auch nicht schlimm – das Loch lässt sich mit irgendetwas im Stil einer Styrodurplatte verschließen, was ohne großen Aufwand wieder entfernt werden kann.

Hatten Sie in der Planungsphase Gelegenheit, mit dem Elektriker und dem Gas- und Wasserinstallateur zu sprechen, um Ihre Wünsche anzumelden und deren fachlichen Rat zu hören? Hoffentlich. Als Anbieter von schlüsselfertigem Bauen sollte Ihr Bauträger wirklich an alles gedacht haben, wozu er von Ihnen Input einholte, um Ihnen jetzt mit Fertigstellung des Innenausbaus alles wie geplant präsentieren zu können.

Mein Haus – hoffentlich geliefert wie bestellt!

Sie wissen ja, was Sie haben wollten und was für das Budget zu bekommen war. Nun nimmt alles Gestalt an, ein großartiger Moment. Sie könnten experimentell veranlagt sein und ein „smartes“ Zuhause geplant haben: viel Komfortelektronik, Automatik, Temperatureinstellung und Sonnenblendenregler nach Lichtmessung. Denken Sie voraus und haben eine Stromtankstelle außen oder an der Garage für Ihr nächstes Auto vorgeplant, das wohl ein elektrisches sein wird? Haben Sie die Installation einer Solaranlage auf dem Dach vorbereitet?

An alles kann man nicht denken. Sie werden zu einem guten Teil auf die Ratschläge der Profis angewiesen sein, die Sie auf Dinge aufmerksam machen werden, an die Sie gar nicht gedacht hätten. Und es kann sich um so grundlegende Fragen handeln wie die Wahl der Dachform (so der Bebauungsplan kein Diktat liefert). Wie könnte man als Laie wissen, dass die Dachform von Bedeutung ist für die Nutzbarkeit des Dachgeschosses, wo überall Fenster mit welchem Aufwand eingebaut werden könnten und wie sich die Form auf die Wärmedämmung auswirkt? Das ist nun nicht gerade ein Thema, wo sich noch Änderungen einbringen lassen, wenn schon der Festbaum für das Richtfest oben auf dem First steht.

Ein Flachdach lässt das oberste Geschoss ein Vollgeschoss sein, es kennt keine Dachschrägen. Aber Flachdächer haben einen Nachteil: sie sind anfällig für Dichtigkeitsprobleme und eindringende Nässe, wenigstens langfristig, wenn das Material altersbedingt oder unter Witterungseinfluss zu schwächeln beginnt. Solarpanels lassen sich hier nicht schräg aufstellen, es sei denn, man verwendet Gestelle – die wiederum windempfindlich wären. Flachliegend holt man aber nicht optimal die Sonneneinstrahlung herein, und die Verschmutzung setzt früher an als auf schrägen Panels. Im Winter deckt der Schnee gleich die ganze Energiegewinnungsfläche ab und es wird zappenduster. Die Schneelast im Winter ist auch neben dem enormen Eigengewicht als Betonkonstruktion der Grund, wieso es für mehr Lasten konstruiert sein muss als ein geneigtes Dach. Hat man einen Zugang vorgesehen, ließe sich hier eine attraktive Dachterrasse anlegen. Sogar Dachrasen gibt es.

Ein Walmdach ist die beste Form gegen starken Wind, weil es von jeder Seite eine Dachschräge gibt. Es können keine Giebelseiten bei Schlagregen durchnässt werden. Nachteilig ist, dass die Fenster der Giebelseiten wegfallen oder aufwändig ebenso als Dachgauben ausgefertigt werden müssten wie an den Längsseiten. Im Innern kämpfen Sie in einem Dachgeschoss mit Walmdach auf allen Seiten mit Dachschrägen, weshalb dort eigentlich nur Einbaumöbel denkbar sind, die sich diesen Schrägen angleichen.

Ein Pultdach mag modern wirken, aber ausgeglichen homogen wie ein klassisches Satteldach ist es nicht. Dagegen hat man hier die größte Fläche zur Verfügung, wenn es auf der Sonnenseite liegt, um Solarpanels auszulegen. Dachrinnen für die Entwässerung braucht es nur auf einer Seite.

Das Mansardendach erhöht die Nutzbarkeit des Dachgeschosses im Vergleich zum Satteldach durch einen höheren Anteil an Standhöhe, verringert jedoch gleichzeitig die konstruktive Stabilität und außen den verfügbaren Platz für Photovoltaikanlagen, für die praktisch nur oberhalb des Knicks Fläche bleibt.

Haben Sie genug Garten, wollen Trinkwasser sparen und sind

aufgeschlossen für Experimente, könnten Sie von Anfang an eine Zisterne im Erdreich einplanen, wo sie Regenwasser ansammeln und über ein zweites Wasserleitungsnetz ins Haus einspeisen, um Waschmaschine und Toilette damit zu versorgen. Im Lauf der Zeit sparen Sie viel Geld an nicht gebrauchtem Trinkwasser, für das Sie bekanntlich volumenweise bezahlen müssen. Dafür braucht es ein eigenständiges Pumpsystem, wie es als „Hauswasserwerk" im Handel angeboten wird.

Was Sie sich für die Innenausstattung gewünscht hatten, orientiert sich am Geschmack und an praktischen Überlegungen. Am pflegeleichtesten sind geflieste Böden, aber ohne Teppiche sind sie auch wenig gemütlich und es kann zu Halleffekten im Raum kommen, wenn die Wände ähnlich kahl sind. Echtes Parkett ist ziemlich teuer, weshalb man als günstige Alternative den Laminatboden ersonnen hat. Am Ende sieht er kaum schlechter aus als ein echter Parkettboden – und Sie können ihn in Eigenleistung selbst verlegen. Dafür hat man die Verlegesysteme so einfach wie möglich gemacht. Doch wehe, wenn Feuchtigkeit eindringt – Laminatboden pflegt dann aufzuquellen und ist ruiniert. Auslegware als Teppich auf dem Estrich ist im Wohnbereich günstig und leicht zu ersetzen. Mit Kunstfaser hergestellt und in nicht zu hellen Farben steckt er einiges weg und lässt sich reinigen, ohne dauernde Flecken anzusammeln. Nebenbei kann man hinter den Teppichrandleisten entlang der Wände noch Kabelschächte einbringen, für all diese Strippen, die nicht vorausgeplant werden und in der Wand verlegt werden konnten. Und wird der Teppichboden mal gewechselt, kann die Randleiste bleiben und es muss nur der passende Streifen im neuen Teppichmuster eingezogen werden.

Für die Wände stehen Sie vor der Wahl: eine Rauputzart, eine Verlegung mit Verblendern, Kork oder Tapete. Tapeten bieten die vielseitigste Art der Raumgestaltung und kosten nicht viel, ja, mit ihrer Hilfe kann man sogar die anderen Wandgestaltungen imitieren (etwa mit einem Druck von Klinkerziegeln). Sie wirken wohnlich und können in rustikaler Variante mit hervortretenden Fäden begrenzt dreidimensional wirken. Rauputz, Kellenputz und andere erlauben etwas künstlerische Gestaltung der Wand, aber ein späteres Umstreichen in anderer Farbe ist wegen der vielen Unebenheiten und Vertiefungen flächendeckend eher schwierig zu bewerkstelligen. Vielleicht muss man dann alles wieder herunterklopfen. Farben: Da steckt einige Psychologie drinnen. Welcher Farbtyp Sie sind, werden Sie am besten wissen. Aber ob man seine Hütte in Rot streichen möchte, da es doch im Ruf steht, aggressiv zu machen? Die Partnerin neigt eher zu Pastellfarben? Sie möchten etwas Rustikales in Fichtenholzvertäfelung? Darüber könnte man endlose Diskussionen führen. Vielleicht lösen Sie es so, dass jeder seinen privaten Raum bekommt, wo er freie Hand für die Farb- wie auch sonstige Gestaltung bekommen wird. In einem Haushalt mit kleinen Kindern muss man dazu immer an mögliche Sauereien und ihre Folgen denken. Stellen Sie sich vor, der Kleinste setzt seine Malfarben ein, um eine bruchsteinverkleidete Wohnzimmerwand zu „verschönern". Der Reinigungsaufwand ist fast unmenschlich zu nennen, an so vielen Zerklüftungen bieten sich tausend Restecken, wo Ihr Schwamm und Ihre Bürste nicht hinkommen. Glatte Flächen sind dagegen so viel leichter zu säubern.

Kleine Kinder sind sowieso ein Thema für sich, was die Gestaltung Ihres neuen Hauses angeht. Haben Sie Treppen im Haus? Sichern Sie diese auch ab mit Gittern, die verhindern sollen, dass Kleinkinder die Treppe herunterfallen? Sind die Fenster im Obergeschoss verriegelbar für Kinderhände? Haben Sie mit dem Elektriker gesprochen über die Planung von kindersicherer Elektroninstallation im ganzen Haus, mit

Personenschutzschaltungen für alle Stromkreise? Sie werden als Fehlerstrom-Schutzeinrichtung in Stromkreisverteilern den Überstromschutzeinrichtungen vorgeschaltet. Das ist nichts, was Sie selbst anfertigen könnten. Sie haben mit Ihrem Architekten über diese Notwendigkeiten gesprochen und dieser stimmte die Fachplanung des Elektroinstallateurs darauf ab. Das wäre auch die Gelegenheit gewesen, die zukünftigen Pläne zu Photovoltaik und E-Auto-Ladestation anzusprechen, um Vorbereitungen machen zu lassen.

Schauen wir nach draußen. Hatten Sie sich für eine Garage oder einen Carport entschieden? Vielleicht ließ der verfluchte Bebauungsplan für die Gegend keine Wahl und Sie mussten sich einer Vorschrift fügen? Für jeden vernünftigen Menschen ist ein Carport kein Ersatz für eine Garage, denn er bietet kaum mehr als ein Dach. In der Garage kann man Dinge lagern, ohne gleich Angst zu haben, dass sie jemand klaut. Auf der anderen Seite ist der Carport etwas ergebnisoffener, was die Größe des Vehikels angeht, das Sie darunter parken wollen. Vielleicht wird es mal ein SUV sein oder gar ein Wohnmobil – und schon ist die Normgarage zu klein und unbrauchbar, wo der Carport noch fünfzig Zentimeter Luft über dem Wagendach hatte. Einfahrt … Tor … Pflaster … Aber sprachen wir nicht darüber, dass die Außenanlagen warten könnten, bis das Haus fertig ist? Richtig – und darum lesen Sie im späteren Kapitel zum Außengelände weiter.

Fertigstellung

Über der Euphorie, endlich den Abschluss und die Übergabe des Bauprojektes erreicht zu haben, sollte man nicht die Absicherung seiner Interessen vergessen. Damit ist gemeint, sich gegen übernommene Mängel und fehlende Eigenschaften abzusichern. Sie unterschreiben nicht blind, dass alles in Ordnung ist und die letzte Teilzahlung an den Bauträger fällig wird. Hatten Sie bislang keinen externen Gutachter auf der Baustelle, ist jetzt der beste Zeitpunkt, doch noch einen hinzuzuziehen. Den lassen Sie alles in Augenschein nehmen. Sie könnten auch mit dem Fotoapparat arbeiten, um Bildmaterial zu getroffenen Aussagen anzufertigen. Mängel, die bei diesem Event nicht festgestellt werden, werden auch nicht beseitigt und werden später viel schwieriger nachzuweisen sein. Nehmen Sie die Bauabnahme unbedingt ernst. Die Feierlaune sollte nicht gnädig darüber hinwegsehen.

Ein Übergabeprotokoll dokumentiert den Abnahmevorgang und erleichtert es, später auf Details Bezug zu nehmen. Auf keinen Fall verlassen Sie sich auf mündliche Absprachen, Feststellungen und Versprechungen. Später will jeder etwas anderes gesagt oder gemeint haben. Die schriftliche Form lässt darüber keinen Zweifel, außerdem wird das Protokoll von beiden Seiten (und dem Architekten oder Gutachter) unterschrieben, gleich hier an Ort und Stelle, nachdem man sich auf gemeinsame Feststellungen geeinigt hatte. Der aktuelle Gebäudezustand wird mit den Inhalten aus Bauvertrag und Baubeschreibung verglichen. Eine Mängelliste wird angefertigt, in der sowohl neue als auch alte Mängel festgehalten werden, welche noch nicht oder nicht fachgerecht abgestellt wurden. Wenn der Bauträger sich gleich bereit erklärt, dies und das reparieren oder verbessern zu lassen, geben Sie ihm eine angemessene Frist dafür. Das ist besser, als sich weiter darüber zu streiten. Zwar können Sie als Bauherr sich vorbehalten, mögliche Vertragsstrafen zu verhängen, doch in erster Linie möchten Sie das Haus fertigbekommen, nicht? Das geht besser im Einvernehmen als mit einem Konfrontationskurs. Es sind auch keine anderen Vertragsstrafen möglich als die, die schon im Vertrag genannt werden für den Fall eines Nichterfüllens.

Hier wird nochmals deutlich, wie wichtig korrekte Formulierungen im Vertrag und in der Baubeschreibung sind. Denn erst mit der glasklaren Formulierung von Details ist es möglich, Mängel in deren Zusammenhang festzustellen. Ohne diese Fakten lassen sich schwer Mängel begründen! Die Gegenwart des Gutachters kann fehlende Definitionen im Bauvertrag auch nicht wettmachen, aber sehr wohl verfügt er über ein geschultes professionelles Auge.[8] Mit der Übernahme geht das Gebäude in Ihren Besitz über und wenn Sie danach noch Mängel monieren wollen, liegt die Beweislast bei Ihnen allein. Ist es wirklich schlimm mit vorgefundenen Mängeln, können Sie die Unterschrift komplett verweigern, bis Abhilfe geschaffen wurde. Mit der Schlussrate warten Sie, bis alle anhängigen Mängel behoben wurden. Es gab bereits Gerichtsurteile, die die Zahlung der Schlussrate als Einverständnis der Bauabnahme interpretierten.

Ihre eigenen Arbeiten, die Eigenleistungen, sind freilich davon ausgenommen, hier als Mangel festgehalten zu werden, denn dafür können Sie niemand anderen verantwortlich machen als sich selbst, beziehungsweise hatten Sie ohnehin vor, diese später einzubringen, nach dem Zeitpunkt der Bauübergabe. Schwieriger ist der Sachverhalt, wenn Leistungen des Bauträgers nicht erbracht

8 Beim Bauherren-Schutzbund e.V. und anderen Bauherren-Interessenvertretungen lassen sich Gutachter für 2.000 bis 3.000 € Honorar speziell für die Bauabnahme finden. https://www.bsb-ev.de/verbraucherservice/unser-angebot-im-ueberblick/

werden können, da vereinbarte Eigenleistungen aus Ihrer Hand noch nicht die Grundlage dafür schufen. Sie können dann kaum den Bauträger wegen der Mängel ankreiden. Beispiel: Der Bauträger hat sich laut Vertrag verpflichtet, die Pflasterung vor der Garage anzufertigen, aber Sie haben sich als Eigenleistung ausbedungen, die Geländevorbereitung und das Einfüllen des Kieses und des Sandes darunter zu besorgen – aber dies noch nicht gemacht. Zu Recht verweist der Bauträger darauf, dass es ihm nicht möglich war, die Pflasterung auszuführen. Er ist nicht schuld am Mangel.

Die früher übliche „Fertigstellungsbescheinigung" aus der Hand eines Gutachters, mit dem die Mangelfreiheit des Objektes ohne Gegenwart des Bauherrn ausgestellt wurde, ist nicht mehr zulässig. Ihre Gegenwart und Ihre Signatur sind jetzt nötig.

Hier folgt eine Inhaltsangabe für das Aufsetzen eines Abnahmeprotokolls. Der Bauträger bringt vermutlich eine vorformulierte Version mit, doch müssen Sie wissen, dass es keine gesetzliche Form dafür gibt und praktisch alles verhandelbar ist.

- Nennen Sie die Teilnehmer der Bauinspektion.
- Geben Sie Datum und Ort der Begehung an.
- Liefern Sie Ihren Namen als Bauherr und die Adresse der Baustelle.
- Erwähnen Sie Auftragsnummer des Bauvertrages und sein Ausstellungsdatum.
- Nennen Sie die Leistung, die abgenommen werden soll (oder die generelle Endabnahme).
- Wann wurde die betreffende Bauleistung begonnen und wann beendet?
- Listen Sie alle vorgefundenen Mängel, neue wie alte, die immer noch unbewältigt sind, auf.

- Darüber hinaus nennen Sie Dinge, die im Verdacht stehen, Mangel zu sein.
- Halten Sie einen unter den Teilnehmern vereinbarten Termin fest, wann die vorgenannten Mängel beseitigt sein sollen.
- Sie als Auftraggeber behalten sich Ihre Rechte wegen dieser genannten Mängel vor.
- Sie als Auftraggeber behalten sich Ihre Rechte wegen der verwirkten Vertragsstrafe vor.
- Lassen Sie das Protokoll unterschreiben.

Damit ist der Bau noch nicht abgenommen, sondern bis zur Feststellung der Mängelbeseitigung gilt die Bauabnahme als aufgeschoben. Dieses Schema kann auch bei jeder vorangehenden Etappe, also der Abnahme einer Teilbauleistung/Bauphase, verwendet werden.

Einziehen

Auch wenn die Inbesitznahme unter den Nägeln brennt: Warten Sie, bis der Neubau genügend ausgetrocknet ist. Den Vorgang können Sie mit Bautrocknern beschleunigen, aber trotzdem sind Sie darauf angewiesen, der natürlichen Verdunstung ihren Lauf zu lassen und sich in Geduld zu üben. Sie riskieren sonst nach einem überstürzten Einzug Feuchtigkeitsschäden an Ihren Sachen und einen muffigen Geruch, der Ihnen nicht zusagen dürfte. Alles, was unter Zunahme von Wasser geschaffen wurde, muss dieses erst wieder absondern, um auszuhärten. Man bringt auch keine Tapeten mit Kleister an die Wand, wenn der Putz kaum bis in den letzten Winkel ausgehärtet ist. Nur nichts überstürzen. Wer weiß, welche anderen Chemikalien der Baubranche noch abbinden sollten, ehe Menschen unter ihnen leben. Verdünner … Harze … Waschbenzin …

Im alten Zuhause ist unterdessen hoffentlich alles geklärt. Der Mietvertrag wurde so gekündigt, dass Sie hier zeitig herauskommen, ohne noch einen Monat Miete für Leerstand zahlen zu müssen. So lange auch nur Teile des Hausrates noch im alten Haus sind, haben Sie sich noch nicht ganz verabschiedet, sonst könnten andere auf die Idee kommen, Sie hätten Ihre Haushaltsausstattung aufgegeben und sie wäre der Plünderung preisgegeben. Bitten Sie einen Bekannten unter den alten Nachbarn, auf Ihre halb geräumte Wohnung zu achten. Gelegenheit macht Diebe; und sie könnten zuschlagen, wenn sie wissen, dass jemand im Begriff ist wegzuziehen. Dasselbe gilt für den Zielort, wo die Umgebung bemerkt, dass Sie im Begriff sind einzuziehen, aber noch nicht ganz angekommen sind, also noch nicht die Betten hier aufgeschlagen haben, während schon Ihre Wertsachen gebracht wurden. Genau diese Situation war das einzige Mal, als ich Opfer eines Einbruchs und Diebstahls von Haushaltsgeräten wurde, die ich schon in das Haus gebracht hatte, in dem ich noch nicht wohnte.

Und wenn der Umzug nicht eilig ist, auch gut. Im Vergleich zu den aufgewendeten Summen für den Hausbau ist die Miete für einen oder zwei weitere Monate ziemlich vernachlässigbar. Vor allem vor dem Hintergrund, dass ein entspannter Umzug ohne Zeitdruck besser für das Familienklima ist als eine dramatische Evakuierungsaktion, nur um eine Frist einzuhalten. Wer sich Zeit lässt, hat auch die größere Auswahl an Umzugsfahrzeugen. Statt eine Umzugsfirma mit Möbelkoffer zu engagieren, kann man seine Transporte mit gemieteten Kastenwagen peu à peu durchführen und hat schon wieder tausende Euro gespart. Wenn ein Teil der Familie so früh wie möglich im neuen Haus schläft und der andere Teil noch in der alten Wohnung, wird wohl auch das Risiko eines Gelegenheitseinbruchs (siehe oben) ausgeschlossen.

Während dieser Zeit können Sie auch solche Eigenleistungen vorantreiben, die bislang aufgeschoben wurden oder nicht möglich waren, wie eben in den Außenanlagen.

Außenbereich

Sie haben sicher schon neue Familienhäuser gesehen, die noch monatelang unerledigte Außenanlagen sehen ließen. Das Haus war lange fertig, die Leute wohnten schon darin, aber ringsherum sah es immer noch aus wie auf einer Baustelle. Warum auch nicht? Sie sind der Boss und als Eigentümer kann Ihnen keiner Anweisungen geben, dass Sie Ihr Gelände gefälligst aufhübschen und fertigstellen sollen. Früher oder später wollen Sie aber nicht mehr durch den Matsch stiefeln, sondern wie jeder andere mit sauberen Schuhen über ein Pflaster bis zum Tor kommen. Lassen Sie Ihre Hausentwässerung von der Behörde abnehmen, ehe Sie sich an die Pflasterarbeiten machen, damit Sie diese nicht wieder für irgendwelche Kanalarbeiten aufreißen müssen, falls etwas beanstandet wird.

Für die Gestaltung des Freigeländes müssen Sie wissen, dass Ihnen laufende Kosten entstehen werden gegenüber den Wasserwerken, die ja neben Leitungswasser auch Abwasser mit Ihnen abrechnen. Und je mehr Fläche Sie mit Beton oder Pflastersteinen versiegeln, desto mehr solch versiegelter Fläche wird Ihnen in künftigen Jahren in Rechnung gestellt, für von dort in die Kanalisation eingeleitetes Regenwasser. Ein breiter Vorplatz und eine Zufahrt mit Steinboden mit Entwässerung kosten also, Ihr durchlässiger Rasen dagegen nichts. Vielleicht wären Rasengittersteine eine Idee; sie geben Halt für Räder und Schuhe, aber lassen die Nässe durch. Diese führen bei den Kommunen zu einer Halbierung der Niederschlagswassergebühr, immerhin. Eine Terrasse, die durch ihre Schräge zum Garten hin Wasser abführt, wird gar nicht berechnet. Anders als eine Terrasse, die einen

Ablauf hat, der in die Kanalisation einleitet. Übrigens zählt auch das Dach eines Bungalows zu den gebührenpflichtigen „vollversiegelten“ Flächen einer Entwässerung, sowie die Balkone.

Weitere Materialien, die zu halben Niederschlagswassergebühren führen, wären neben Rasengittersteinen Ökopflaster, Schotterrasen, Schotterdecke, Kiesdecke und Splittdecke.

Denken Sie bei der Wahl der Materialien für Ihre Pflasterung auch an den Winter, wenn es glatt wird. Oberflächen mit Riffelung und Unebenheiten, wie Waschbetonplatten, die hervortretende Kieselsteine enthalten, sind trittsicherer bei Eis und Schnee als absolut glatte Flächen.

Verlegen Sie Pflaster in Eigenregie, informieren Sie sich, wie die Untergründe dafür aufgebaut werden müssen, wenn die Arbeit dauerhaften Bestand haben soll. Es werden Schichten in Kies und Sand aufgebaut; nie wird einfach auf die Erde verlegt. Besorgen Sie sich Literatur zur fachlich einwandfreien Verlegung. Gerade die Frostphase führt zu Verwerfungen, wenn die Untergründe nicht brauchbar ausgeführt wurden. Die Oberfläche des Pflasters ist nie ganz waagerecht anzulegen, sondern immer mit einem leichten Gefälle zu der Seite hin, wo die Ablaufrinne liegt oder wenigstens der nächste Streifen Erdreich für die Versickerung wartet.

Der Bebauungsplan Ihrer Gegend kann Einschränkungen enthalten, wie viel Prozent des Grundstücks versiegelt sein dürfen und wie viel frei bleiben muss.

Zäune sind ein beliebter Streitpunkt zwischen Nachbarn, weshalb es nicht ausbleiben kann, dass dieses Thema schön akribisch in einem Bebauungsplan geregelt wird. Nur um die Gerichte zu entlasten. Daher wird Ihnen bekannt sein, ob da überhaupt ein Zaun stehen, wie hoch der Zaun sein darf und aus welchem Material er örtlich legitim erscheint. Der Abstand zur Grenze zum Nachbarn kann vorbestimmt sein. Wenn er mit dessen

Einverständnis genau auf der Grenzlinie verläuft, sind Zäune und Mauern beiderseitige Grenzanlagen und dürfen von einer Partei alleine nicht eigenmächtig wieder verändert werden. Es existiert gewissermaßen beidseitiges Eigentum daran, egal wer ihn errichtet hat. Stützmauern hingegen unterliegen nicht den Vorschriften für Einfriedungen, da sie einem anderen Zweck dienen. Ein Bodengutachten kann nach Stützmauern verlangen, damit ein Hang nicht abrutscht. Am besten ist es, wenn bereits Stützmauern vorhanden sind – diese sollten Sie nicht antasten und weiterverwenden. Müssen dagegen welche gebaut werden, haben Sie die Wahl von Pflanzsteinen, die versetzt zueinander eine Hangbefestigung ergeben, welche aber ihre Grenzen an Druckbelastung hat. Was gibt es noch? Sie könnten eine Trockenmauer anlegen oder L-förmige Betonstützen aufstellen, die später noch durch Verblender verschönt werden können. Letztere sind das Stabilste, was möglich ist, mit einer Erdmasse, die mit ihrer Last zur Standfestigkeit der Konstruktion beiträgt. Wer den Hang auf seinem Grundstück hat, muss das Abfangen mit seinen Kosten besorgen. Anders ist das, wenn das Höhenniveau künstlich verändert wird. Die Abstützung hat dann derjenige zu besorgen, der die Niveauänderung verursacht, also abgräbt oder aufschüttet. Machen beide Nachbarn das gleichzeitig, sollte man sich gütlich auf eine Kostenteilung einigen.

Der B-Plan kann Grenzen setzen, was das Pflanzen von Bäumen und deren erwartete Größe angeht. Was ist aber mit den Nutzungsarten eines Gartens? Sie könnten nur einen Rasen wünschen, oder Blumenbeete, oder einen reinen Nutzgarten mit Anbau von Gemüse und Obst. Geschieht etwas in Diskrepanz zur Gartengestaltung auf Nachbargrundstücken, ist der Konflikt mit diesen Nachbarn vorprogrammiert. Gerade wenn Sie es gern etwas verwildert haben, werden Ihnen penible Rasenkantenbeschneider auflauern, die den Samenflug Ihres Unkrauts und dessen unheilvollen Einfluss auf deren steriles Paradies beklagen. Die Gemeinde will vermeiden, dass Anwohner in ihren Vorgärten Lagerstätten einrichten oder dort herumwerkeln, es geht um das adrette „Erscheinungsbild“ und eine gewisse Homogenität. Vorgärten stehen also mehr als hintere Grundstücksbereiche im Interesse der Gemeinde, wofür es örtliche „Vorgartensatzungen“ geben kann, die PKW-Stellplätze, Fahrradschuppen und anderes verbieten können. Für Mülltonnenhäuschen macht man eher mal Konzessionen.

Gibt es im B-Plan Pflanzlisten, dann dreht es sich um die Arten, die als Hecken verwendet werden können, um Fassadenkletterer oder eine Auswahl von Baumarten, wo entweder eine „ortsübliche“ Wahl favorisiert oder eben nach der zu erwartenden ausgewachsenen Baumgröße bestimmt wird. Pflanzlisten sollen solche Bepflanzung regeln, die Einfluss auf das Ortsbild hat. Alles andere sollte keine Rolle spielen und Ihrem Geschmack überlassen bleiben – auch wenn eifrige Nachbarn anderer Meinung sind.

Schlusswort

Es ist ein Abenteuer, ein Haus zu bauen. Es kostet so viel Geld und ist so aufwändig an Organisation und hangelt sich entlang juristischer Fallstricke, dass einem die Lust daran vergehen könnte. Muss es aber nicht. Positiv angegangen, ist dieses Abenteuer eine große Herausforderung, an der Sie wachsen können – und Ihre Familie gleich mit. Das neue Familienheim zu bauen, ist eine der wichtigsten Entscheidungen im Leben. Versuchen Sie, den Stress so klein wie möglich zu halten, suchen Sie sich vertrauenswürdige Partner für das Bauvorhaben aus und ziehen Sie die Sache mit Elan durch. Mit Hilfe dieses Ratgebers, wie ich hoffe. Wenn er Ihnen nur 1.000 € sparen hilft, ist sein Zweck schon erreicht. Doch er wird Ihnen vermutlich mehr nutzen, nicht nur in erspartem Geld, sondern durch Wissensvermittlung und das Aufzeigen von Stolpersteinen und Fallen. Wir hoffen, dass Ihnen das auch eine moralische Stütze war.
Alles Liebe und viel Freude mit Ihrem Eigenheim.

Ihr Richard Hochberg

Impressum:

1. Auflage 2019
Florian Deppermann
Heidmühlenweg 63f
25336 Elmshorn

Verlag:
Amazon Europe, Luxemburg
Verantwortlich für den Druck:
Amazon Media EU S.à r.l., 5 Rue Plaetis, L-2338, Luxembourg